Erlebte Biologie

Eva Merz
Hans Pfletschinger

Die Raupen unserer Schmetterlinge

Erkennen und beobachten

Kosmos
Gesellschaft der Naturfreunde
Franckh'sche Verlagshandlung
Stuttgart

Mit 112 Farbfotos von Diffené (5), Pfletschinger (79), Ruckstuhl (15), Scharbert (1) und Zepf (12)

Umschlaggestaltung von Edgar Dambacher unter Verwendung einer Aufnahme von Hans Pfletschinger
Das Bild zeigt die Raupe des Großen Gabelschwanzes *(Cerura vinula)*.

Holländische Ausgabe:
Thieme, Zutphen/Niederlande

CIP-Kurztitelaufnahme der Deutschen Bibliothek

Merz, Eva:
Die Raupen unserer Schmetterlinge : erkennen u. beobachten / Eva Merz ; Hans Pfletschinger. –
2. Aufl. – Stuttgart : Franckh, 1984.
(Erlebte Biologie)
ISBN 3-440-05394-6
NE: Pfletschinger, Hans:

2. Auflage / 6.–7. Tausend
Franckh'sche Verlagshandlung, W. Keller & Co., Stuttgart / 1984

Printed in Italy / Imprimé en Italie
LH 14 he / ISBN 3-440-05394-6
Satz: Setzerei G. Müller, Heilbronn
Herstellung: Editoria, Trento/Italien

Bild 1 (Seite 2). Farbenprächtige Raupe vom Wolfsmilchschwärmer *(Hyles euphorbiae)*. Aufnahme W. Zepf

Die Raupen unserer Schmetterlinge

Das Raupen-Vorurteil

Raupen sind unbeliebt – man weiß nicht so recht warum. Noch nie hat eine Raupe jemanden gebissen, gestochen oder durch Größe und Wildheit erschreckt. Nur wenige wehren sich mit Brennhaaren oder abschreckenden Flüssigkeiten, wenn man ihnen zu nahe kommt. Die meisten fassen sich angenehm an: seidenweich die einen, samtig die anderen, weichstachelig-distanzierend die dritten, und die Bärenraupen beinahe wie Nerz. Raupen sind entweder leuchtend bunt, was man an anderen Tieren als Schönheit rühmt, oder sie sind in fein abgestimmten Farben gezeichnet. Und schließlich werden aus ihnen Schmetterlinge, die am meisten bewunderten, geliebten und bedichteten aller Insekten.

Trotz allem rechnet man den Raupen nicht nur den Schaden an, den einige von ihnen ohne Zweifel an unseren Kulturpflanzen anrichten – samt und sonders kann man sie nicht leiden. Sie werden mit Maden und anderen Tieren von ähnlicher Gestalt als „Würmer" zusammengefaßt, vor denen man sich ekelt. Das kann kaum etwas mit Vernunft zu tun haben. Eher läßt sich denken, daß solche Ablehnung aus sehr alten Zeiten stammt, in denen der Mensch seine Instinkte und Traditionen erworben hat. Damals war die Abneigung gegen alles Gewürm sinnvoll, denn solche Tiere wurden als Parasiten gefährlich oder fanden sich dort, wo bei Verwesendem und bei verdorbenen Speisen Vorsicht geboten war. Die gänzlich harmlosen pflanzenfressenden Raupen von dieser Vorsicht auszunehmen, hätte die Sache ganz unnötig kompliziert. So gilt bis heute diese tiefsitzende Abneigung gegen Raupen wohl mehr ihrer Gestalt als ihnen selber.

Angst und Ekel vor Raupen einfach als albern abzutun und sofortige Überwindung zu verlangen, verrät darum wenig Naturverständnis. Mit Geduld und einigem Wissen über Raupen läßt sich solch überholtes Instinktverhalten meist einsehbar machen und überwinden und oft in Interesse und Sympathie für diese harmlosen, hübschen Tiere verwandeln.

Es ist nicht alles Wurm, was kriecht

Die Alltagssprache hat von jeher als „Würmer" zusammengefaßt, was da klein, unansehnlich und mehr oder weniger beinlos herumkroch. Vom wurmstichigen Apfel, von Würmern in Pflaumen und Kirschen redet auch heute noch, wer durchaus weiß, daß es

Bild 2. Raupe vom Kamelspinner *(Lophopteryx camelina).* Aufnahme H. Pfletschinger

sich dabei eigentlich um Raupen von Apfel- und Pflaumenwickler handelt. An mangelnder Beobachtung liegt das nicht – es kam und kommt einfach nicht darauf an.
Die Raupen zweier Traubenwickler-Arten *(Eupoecilia ambiguella* und *Lobesia botrana)*, an den Farben ihrer Köpfe zu unterscheiden, treten nebeneinander in einer Junigeneration zur Heuerntezeit auf und in einer Herbstgeneration, die durch ihren Fraß die jungen Weinbeeren nicht zur Reife kommen läßt. Die Weinbauern unterscheiden ganz genau einen schwarzköpfigen und einen gelbköpfigen Heuwurm und einen schwarz- bzw. gelbköpfigen Sauerwurm. Aber „Wurm" heißen sie alle vier. Wenn man einen Winzer fragt, ob er denn schon einmal einen Wurm mit Kopf gesehen habe, dann kommt ihm die Frage angesichts des krabbelnden Beweises ziemlich albern vor. Obwohl der Beweis ja eigentlich auch nicht krabbeln dürfte, weil eben Würmer keine Beine haben. Andere Insektenlarven, etwa die fußlos herumwimmelnden der Fliegen, ließen sich immer noch eher für Würmer halten als gerade Raupen. Die zeigen mit ihren gegliederten drei vorderen Beinpaaren deutlich, daß sie einmal Hexapoden, sechsfüßige Insekten, werden wollen.

Raupen und Umwelt

Der Entwicklungsweg über Larvenformen hat den Insekten gegenüber anderen Tierklassen große Vorteile gebracht. Der Wechsel der Gestalt erlaubt ihnen, die Möglichkeiten ganz verschiedener Lebensbereiche voll auszunutzen. Deshalb sind gerade Insekten bis zum letzten Erdenwinkel hin überall reichlich und verläßlich vertreten, obwohl sie beinahe auf jedem Speisezettel stehen, vom Einzeller bis zum Menschenaffen und Menschen. Für ungezählte Tierarten übersetzen erst pflanzenfressende Insekten unbekömmliches Grünfutter in verwertbare tierische Substanz. Raupen gehören unter diesen „Übersetzern" zu den Spezialisten. Viele leben gerade auf jenen Pflanzen, die sich mit starkschmeckenden Inhaltsstoffen gegen das Heer der Allesfresser schützen. Gerbstoffhaltiges Laub, das sich sonst schwer zersetzt, verwandeln sie in Körpersubstanz; der unverwertbare Rest fällt als düngende Krümel zu Boden.

Fressen und Gefressenwerden

Dabei geraten sie freilich auch an Pflanzen, die der Mensch für sich beansprucht. Wo diese Pflanzen, wie es in der Natur nirgends vorgesehen ist, massenhaft und in Reinkultur vorkommen, sei es als Fichtenforst, als Kohlacker oder als Möhrenbeet, da breiten sich entsprechend und gesetzmäßig auch die Raupen aus. Denn überall erzeugt ein Massenvorkommen an Beute, bzw. Futter, auch bald ein verstärktes Vorkommen desjenigen, der es verzehrt. So erhält sich seit jeher das natürliche Gleichgewicht. Weil es dieses Gleichgewicht aber, wortwörtlich seit Adams Zeiten, nämlich seit dem Auftreten des Menschen, nicht mehr gibt, erbittert das Massenauftreten von Raupen die Massenanbauer von Pflanzen, die die ja selber nutzen wollen.

Man nimmt den Raupen ihr Auftreten an Kulturpflanzen gewaltig übel. Aber als Ungeziefer gelten sie auch, wenn sie sich nur von Brennesseln ernähren, gegen die man ja andererseits besondere Spritzgifte verwendet.
Zudem sind die meisten Raupen schöner als der zugehörige Schmetterling. Der Wolfsmilchspinner heißt „Perserteppich" nach seiner Raupe – der Falter erinnert höchstens an eine Kamelhaardecke. Das ist auch gut so, denn eine ortsfeste Raupe ist noch mit den unglaublichsten Farbmustern ihrer Umgebung angepaßt und getarnt; der Falter, der seinen Aufenthalt wechselt, muß überall unscheinbar sein.

Ausweichen oder Anpassen

Das dreigestaltige Wesen aus Raupe, Puppe und Schmetterling, für das die Sprache noch nicht einmal einen zusammenfassenden Namen hat, ist nur in seiner letzten, geflügelten Form imstande, nennenswerte Entfernungen aus eigener Kraft zurückzulegen. Der Schmetterling hat also für die Ausbreitung der Art, das Sichfinden der Geschlechter und schließlich auch dafür zu sorgen, daß die Eier an den richtigen Platz kommen.

Flugtüchtige, große Arten wie die Schwärmer können sich über ganze Erdteile ausbreiten, solange die Futterpflanzen ihrer Raupen dort halbwegs genießbare Verwandte haben. Kleine Tiere mit geringem Flugvermögen wie die Widderchen blieben in engen Lebensräumen, mußten sich anpassen und wurden nach und nach zu eigenen Arten. An ihnen läßt sich heute noch ablesen, wie sie sich einmal auf Eis- und dann wieder auf Wärmezeiten, auf Jahrtausende mit viel und dann wieder mit wenig Sonne einstellen mußten. Jeweils nur ein paar Tiere, diejenigen mit den günstigsten Eigenschaften, überlebten die großen Änderungen und wurden Stammeltern einer neuen, angepaßteren Population. So hat etwa eine sonnenarme Zeit Widderchen begünstigt, deren zufällig etwas dunklere Flügel mehr von den spärlichen Wärmestrahlen aufsaugen konnten. Als es dann in den zunehmend sonnigeren Zeiten immer mehr von diesen Widderchen zu heiß zum Weiterleben wurde, weil sich die einmal erworbene Flügeldunkelheit ja nicht aus dem Erbgut streichen ließ, überlebten nur ein paar von ihnen, weil ein wieder zufälliger Metallglanz auf ihren Flügeln die Wärme reflektierte. Solche Falterchen leben heute noch – nach Eis- und Wärmezeiten – in ein paar südlichen Alpentälern. Vielleicht werden sie eines Jahrtausends erfrieren.

Gegen einzelne schwierige Jahre schützen sich viele Schmetterlingsarten durch „Überliegen": Nicht alle Tiere halten das übliche eine Jahr Puppenruhe, manche schlüpfen erst nach zwei oder mehr Sommern. Sie können dann die Art fortsetzen, wenn die anderen in der Zwischenzeit umgekommen sein sollten.

Schmetterlingsmütter und ihre Sorgen

Ob eine Schmetterlingsart in einer Landschaft vorkommt, bestimmt auf die Dauer das Klima – wenn man von menschlichen Maßnahmen absieht. Zunächst aber bestimmt es das Schmetterlingsweibchen, das einen Platz für seine Eier aussucht. Dort muß nicht nur das Ei, sondern zunächst auch die Jungraupe gut aufgehoben sein. Einige Arten können es sich leisten, ihre Eier im freien Flug fallen zu lassen. Ihre Raupen leben an bestandbildenden Gräsern, die der eierlegende Falter überfliegt, oder im Boden, wo sie an den Wurzeln von vielerlei Pflanzen fressen. Die meisten Schmetter-

Bild 3. Aurorafalter *(Anthocharis cardamines),* befestigtes Einzelei. Aufnahme H. Pfletschinger

lingsweibchen aber müssen zum späteren Wohl ihrer Kinder so vielfältige Instinkthandlungen ablaufen lassen, daß es aussieht, als wären sie die fürsorglichsten und einsichtigsten Mütter. Je nach Art muß das Gelege oder das einzelne Ei so unauffällig wie möglich untergebracht und meist auch noch gut befestigt sein, damit die winzige Raupe später beim Schlüpfen von der Schale loskommen kann. Die richtige Pflanze in der richtigen Umgebung muß erst gefunden werden. Wenn dabei ein Kohlweißlingsweibchen auch mit den Sinnesorganen an seinen Vorderbeinen ein starkriechendes Kohlblatt erkennen kann, – wie findet die Aprileule im Herbst heraus, daß ein Stück toter Borke an einem Stamm zu einer Eiche gehört?

Der richtige Platz für das Ei

Eier, die überwintern sollen, brauchen winterhartes Holz oder andere Pflanzenteile, die im Frühling noch da und mindestens nahe an frischem Grün sind, wenn sie schon nicht selber austreiben. Raupen, die schon nach wenigen Tagen schlüpfen, müssen gleich passendes frisches Futter haben, und das nicht nur von der richtigen Pflanze, sondern auch von einem passenden Teil daran, etwa vom Blatt, Stengelmark oder Fruchtstand. Der Instinkt der Schmetterlingsmütter berücksichtigt auch das. Lange hat man sich vergeblich gefragt, warum unabhängig von der Art der Futterpflanze bei der Eiablage ganz offenbar kümmerliche und alleinstehende Exemplare bevorzugt werden. Es scheint, als diene das der Sicherheit der Gelege und Raupen. In großen Beständen oder auf Prachtexemplaren könnten ihre vielen

Bild 4. Mondfleck *(Phalera bucephala)*, Eigelege. Aufnahme H. Pfletschinger

Zufall angewiesen. Es ist leicht vorstellbar, daß Raupen dort im Abseits überlebten und in die Lage kamen, die Vorsicht ihrer Mütter zu vererben. Zweifelhaft bleibt, wie ein Schmetterling einen Einzelstandort erkennen kann; aber da mag der Duft der Pflanze, gegen eine fremde Umgebung stärker abgesetzt, hilfreich sein.

Hilfen zum Überleben

Nur wenige Schmetterlingseier bekommen mehr als einen günstigen Startplatz mit auf den Weg ins Leben. Wo überwinternde Gelege allzu leicht der Neugier der Meisen ausgesetzt wären, werden sie zugedeckt. Bei Ringelspinner oder Nachtpfauenauge bekommen sie eine harte Kittschicht, die freilich einem Vogelschnabel nicht lange widersteht. Beim Schwammspinner verbirgt sie eine Decke aus den Hinterleibshaaren der Mutter, beim Pappelspinner überzieht sie ein Schaumsekret. Einzeln oder paarweise abgelegte Eier sind leichter zu übersehen, davon bleiben auch ohne besonderen Schutz noch genug übrig, um die Art fortzusetzen. Strenggenommen brauchen dazu ja nur aus zwei Eiern erwachsene Schmetterlinge zu werden, und die Eierzahl der Schmetterlingsmütter ist groß. Hundert Eier, wie beim Nagelfleck, gelten schon als recht sparsam, beim Hopfenwurzelbohrer hat man zweitausend gezählt. Freilich legt der eine Falter seine wenigeren Eier im sicheren Kronenbereich geschützt unter die Buchenblätter, während der andere sie im Fluge verstreut, so daß die kleinen Raupen ein gefahrvolles Schlüpfen und den Weg in die Erde zum passenden Wurzelfutter vor sich haben.

Bild 5. Ringelspinner *(Malacosoma neustria)*, Eigelege. Aufnahme H. Pfletschinger

Der Weg ins Raupenleben

Eier von außen und innen

Schmetterlingseier sind von einer abenteuerlichen Vielfalt in Form, Farbe und Oberflächenstruktur. Von der schlanken, senkrecht gestellten Spindel über die Kugelform bis zum linsenflachen Scheibchen, von Oberflächen mit Perl- oder Perlschnurbesatz, mit Längs- oder Querriefen, erdnußartig genetzt oder walnußhaft gerunzelt ist alles Erdenkliche zu finden, abgelegt in zweigumfassenden Ringen, in flachen Spiegeln, hinter Knospenschuppen und in Holz, kettenförmig oder in Häufchen, einzeln oder paarweise.

Schmetterlingseier zu suchen ist, von wenigen Arten abgesehen, ein undankbares Geschäft, es sei denn, man beobachtet ein Weibchen bei der Eiablage. Die Suche bringt auch oft nichts

Bild 6. Kleines Nachtpfauenauge *(Saturnia pavonia)*, schlüpfende Raupen. Aufnahme H. Pfletschinger

Gutes, denn wenn ein Gelege so weit allen Sichtschutzes beraubt ist, daß wir es sehen, dann hat der nächste vorbeikommende Vogel erst recht keine Schwierigkeiten. Die Eier mitzunehmen heißt, sich mit einer komplizierten Babypflege mit ungewissem Ausgang zu belasten, denn auch wenn der Falter die richtige Pflanze gewählt hat, können frisch geschlüpfte Raupen noch schwer erfüllbare Ansprüche stellen. Oft bekommt ein leicht entdecktes Gelege nach ein paar Tagen rote Kuppen und entläßt bald darauf rotäugige kleine Blattwanzenlarven, halbkugelig, bunt und niedlich, nur – man hat sie eben gar nicht haben wollen. Der Irrtum ist vermeidbar: Kleine Raupen fressen sich irgendwo aus der Eischale, junge Wanzen sprengen einen vorgezeichneten Deckel ab.

Das Leben beginnt mit Fressen

Die Entwicklung der Jungraupen im Ei dauert nur wenige Wochen, auch bei Arten, die im Ei überwintern. Dort bildet sich die Raupe meist noch in der herbstlichen Wärme und wartet dann monatelang, bis Außenreize sie zum Schlüpfen bringen, sobald Witterung und frisches Grün ihr Fortkommen sichern. Die erste Mahlzeit einer kleinen Raupe ist oft die eigene Eischale, die nicht aus unverdaulichem Chitin, sondern aus einer Fett-Eiweiß-Kombination (Lipoproteine) besteht. Was danach auf dem Futterplan steht, ist auch nicht immer grün, weder bei der Kleidermotte und ihrer Verwandtschaft noch bei Arten, die sich auf Blüten oder Samenkapseln spezialisiert haben.
Die meisten Raupen aber fressen grüne Blätter, und die sind für die millimetergroßen An-

Bild 7. Fraßgang einer Miniermotte. Aufnahme H. Pfletschinger

fänger oft zu dick. Dann schaben sie zuerst einmal punktförmige Fenster in die Blattfläche oder minieren durchsichtige Gänge zwischen Blattober- und -unterseite. Nach wenigen Tagen haben sie das Kennzeichen der Frischgeschlüpften, den im Verhältnis zum Körperchen viel zu dicken Kopf, verloren, und bald darauf wirkt der Kopf schon beinahe klein. Er ist aus härterem Chitin als die dünne Körperhaut, die zwar nicht wachsen, aber doch prall ausgefüllt und gedehnt werden kann. Schließlich wird sie aber doch zu eng, die Raupe wird sich häuten müssen.

Die Häutung

Wie bekommt man eine neue Haut?

Tagelang, es kann länger als eine Woche dauern, sitzt die Raupe festgekrallt, manchmal festgesponnen, am vorher ausgesuchten Häutungsplatz. Sie nimmt keinerlei Nahrung mehr zu sich, und es sieht aus, als bekäme sie einen Specknacken und sei zu dick, um auch nur zu laufen. Das kann sie nun wirklich kaum mehr, denn eine neue Haut hat sich schon faltig unter die alte geschmiegt. Alle Haare, Warzen und andere Hautbildungen sind daran neu ausgeformt. Die neue Kopfkapsel mit den Mundwerkzeugen, die neuen Fußkrallen und die Chitinauskleidung aller Körperöffnungen passen nicht in ihre Vorgänger hinein; die harten, zu klein gewordenen Formen halten sie fest wie Knebel und Handschellen. Beide Körperhüllen, die äußere alte und die neue darunter, trennt eine enzymhaltige Flüssigkeit, die die alte Haut langsam von innen auflöst. An den Stellen, die am wenigsten Chitin enthalten, einer Art Sollbruchlinie über Kopf und Nacken, wird die alte Haut schließlich so dünn, daß sie zerreißt, wenn die Raupe sich mit eingezogenem Kopf dagegenstemmt.

Die feuchte Zwischenschicht hilft ihr, aus dem dünnen, aber starren Panzer herauszukommen, solange er noch fest auf seiner Unterlage sitzt. Raupen, die kurz vor ihrer Häutung von ihrem Sitzplatz abgerupft werden, können sich nicht rasch genug von der alten Haut befreien. Wenn erst die Trennflüssigkeit eingetrocknet ist, schleppen sie die Hautstücke mit sich herum, zerreißen dabei leicht die noch weiche neue Haut und gehen zugrunde.

Noch einmal neu festsetzen können sie sich nicht, weil die äußeren Fußkrallen jetzt nur noch leblose Anhängsel der alten Haut sind.

Neue Haut heißt neue Möglichkeiten

Die erfolgreich gehäutete Jungraupe muß nur noch kurze Zeit warten, bis die neue Haut, die jetzt in besonders klaren Farben strahlt, ausgehärtet ist, bis Klauen und Mundwerkzeuge wieder zufassen können. Dann wird sie sich wieder ihrem derzeitigen Lebenszweck widmen, dem Fressen und Wachsen. Drei bis vier solcher Häutungen wird sie meist bis zum Ende des Raupendaseins, der Verpuppung, noch vor sich haben. Das Ergebnis muß nicht jedesmal nur ein dickerer Kopf und eine Neuauflage des früheren Farbmusters sein, denn mit dem Größerwerden ändern sich die Lebensbedingungen. Wer von einem bunten Blütenstand auf derbere grüne Blattkost umsteigt, wer sein

Bild 8 a–c. Raupenhäutung beim Kleinen Nachtpfauenauge *(Saturnia pavonia).* Aufnahmen H. Pfletschinger

wachsendes Körpergewicht lieber einem soliden braunen Zweig als einem wackligen grünen Blatt anvertraut, wer den Schutz zusammengesponnener Blätter verläßt, um im freien Sitz das Dreifache der alten Behausung als Tagesration zu verspeisen, der muß sich der neuen Umgebung anpassen. Das erfordert neue Farben und erst recht ein neues Verhalten.

Raupenalltag

Erst mit dem Größerwerden verringert sich auch die Gefahr des Austrocknens, der die Jungraupen besonders ausgesetzt sind. Deshalb bleiben junge Raupen oft zu vielen beieinander, spinnen sich einzeln oder gemeinsam ein oder bleiben zwischen Blättern oder im Innern von Pflanzen. Die meisten Raupen fressen ohnedies bei Nacht und verbringen den Tag im Versteck; hier wie überall brauchen Babies häufigere Mahlzeiten, und in licht- und sichtgeschützter Deckung können die Jungraupen eine kürzere Tagespause halten. Wo sich ganze Nester zusammen einspinnen, wird des Nachts gemeinsam weitergewandert, geleitet von den eigenen, unablässig mitgezogenen Spinnfäden. Sowohl vor Tau als auch vor Tag sitzt die ganze Gesellschaft wieder unter einem selbstgesponnenen Dach, denn auch allzuviel Nässe ist nichts für kleine Raupen.
Die älteren Tiere führen ein freieres Leben, weil allein ihre kleinere Oberfläche sie vor dem Austrocknen schützt. Sie kommen auch schneller vom Fleck und können sowohl der Sonne als auch Tau und Regen besser ausweichen. Zudem schützt ihr unterschiedliches Verhalten und Aussehen in den verschiedenen

Altersstufen sie vor Feinden, die ihnen gerade in dieser jeweiligen Größe drohen können. Der Wechsel von Farbe und Form, Wohnort und Verhalten im Laufe eines Raupendaseins kann so gründlich sein, daß schon sehr insektenkundige Leute angesichts einer unbekannten Häutungsstufe glaubten, eine neue Art entdeckt zu haben.

Am Ende der Raupenzeit

Die Anpassungsfähigkeit, die eine Raupe im Laufe ihrer Entwicklung aufbringen muß, erstreckt sich bei vielen auch auf das Überleben im Winter. Zusammengerollt unter Waldstreu, Moos- oder Rasenpolstern, ja sogar einfach in eine Baumrindenspalte geschmiegt, übersteht so ein weiches kleines Tier alle Kältegrade und, wenn es Glück hat, auch noch den Jagdeifer von Meisen, Kleibern und Spechten, Krähen, Eichelhähern, Mäusen und früherwachten Igeln. Im Frühling geht entweder der Wechsel von Fressen und Häuten noch etlichemal weiter, oder es folgt gleich die letzte Häutung des Raupendaseins, aus der die Raupe als Puppe hervorgeht. Die Möglichkeit zu wachsen ist damit zu Ende. Ein für seine Art kleiner Schmetterling ist nicht jung, sondern als Raupe nicht satt geworden.

Bild 9. Eingesponnene Jungraupen vom Kleinen Fuchs *(Aglais urticae).* Aufnahme H. Pfletschinger

Verpuppung

Viele Arten bringen die Verwandlung schon im Herbst hinter sich und überwintern als Puppe, und diese Entwicklungsstufe wird gründlicher vorbereitet als eine bloße Raupenhäutung. Ganze Schmetterlingsfamilien verfahren dabei ähnlich, und wo sich krasse Außenseiter finden, darf man den Verwandtschaftsgrad anzweifeln. Da wird eine Höhle in den Boden gegraben und oft mit eigener Seide austapeziert, es wird ein Kokon in einfacher oder auch in doppelter, fest verleimter Ausführung angefertigt, manchmal zwischen Halmen und Zweigen aufgehängt. Andere spinnen nur ein Seidenpolster, an dem die kopfüber verstürzte Puppe festhängt, oder einen Seidengürtel, von dem sie aufrecht in Schräglage gehalten wird. Raupen, die sich nach vielen Holzmahlzeiten in ihrer engen Fraßröhre im Stamm verpuppen, nagen vorher ein ausreichend weites Ausflugloch für ihre spätere Schmetterlingsgestalt und verstopfen es dann sorgfältig wieder mit Nagemehl. Erst wenn der Verpuppungsort vorschriftsmäßig hergerichtet ist, nimmt die Raupe eine Stellung ein, aus der einmal die richtige Lage für die Puppe hervorgehen soll. Wenn sich nun die alte Haut ablöst, liegt die neue als erstarrender Panzer darunter, und in seinen Umrissen sieht man schon die Form des werdenden Schmetterlings.

Bild 10. Puppe vom Kiefernschwärmer *(Hyloicus pinastri).* Aufnahme H. Pfletschinger

Bild 11. Admiral *(Vanessa atalanta)*, Stürzpuppe. Aufnahme H. Pfletschinger

Bild 12. Aurorafalter *(Anthocharis cardamines)*, Gürtelpuppe. Aufnahme H. Pfletschinger

Bild 13. Nonne *(Lymantria monacha)*, freiliegende Puppe. Aufnahme H. Pfletschinger

Raupen von innen und außen

Bild 14. Wolfsmilchschwärmer *(Hyles euphorbiae),* Jungraupe. Aufnahme H. Pfletschinger

Raupen sind Übergangsstadien, sie alle sind auf dem Weg zu ihrer endgültigen Form als Falter. Sie könnten aber ihren Lebensabschnitt nicht bewältigen, wenn sich all ihre Entwicklungsschritte auf das künftige Insekt bezögen. Raupen sind für ihre Zeit und ihre Umgebung fertige Tiere, die zwar alle Möglichkeiten der Zukunft, aber zuerst einmal alle Eigenschaften für die Gegenwart besitzen. Kann etwas davon später noch für den Schmetterling verwendet werden – um so besser.

Gestalt

Eine Raupe ist genau das, was ihr englischer Name besagt: ein caterpillar, eine Futtersuch-Säule. Sie braucht einen Kopf mit kräftigen Mundwerkzeugen, um mit ihrem meist zellulosehaltigen Futter fertigzuwerden. Und sie braucht einen Körper, der möglichst viel zu Vorräten verarbeitete Nahrung unterbringen kann – wozu sich eine schmale Taille noch immer als ungeeignet erwiesen hat. So zeigen Raupen nichts von der vielfältigen Gliederung der meisten Insektenkörper. Sie haben noch die gleichmäßige Grundform des Insektenbauplanes: vierzehn Leibesringe, Segmente, von denen drei zum Bereich der Brust (dem Thorax) und elf, ohne deutliche Abgrenzung, zum Bauch (dem Abdomen) gehören.
Trotz ihrer Ähnlichkeit untereinander haben einzelne dieser Segmente Eigenheiten, die von ihrer besonderen Aufgabe oder auch von ihrer Stellung in der Reihenfolge herrühren. Bei Raupen, die im Boden leben oder sich häufig eingraben, trägt das erste Segment einen Nakkenschild aus härterem Chitin. Oft sind die drei letzten Segmente zu einer verstärkenden und schützenden Festigung des Körperendes zusammengerückt und bilden gemeinsam das „Analsegment“. Das vierte Segment, also das erste Bauchsegment, und das elfte Segment, als letzter selbständiger Abschnitt, tragen am

häufigsten größere Fortsätze, Hörner, Buckel oder besondere Haarbildungen.

Innere Organe

Im Inneren dieses säulenförmigen Körpers nimmt ein weites Darmrohr erheblichen Platz ein, in dessen Endabschnitt dünne Schläuche mit Nierenfunktion münden. Darüber liegt langgestreckt das röhrenförmige Herz, darunter, vom Gehirn bauchwärts hinabziehend, die Nervenkette des Bauchmarks. Sehr viel Platz, wie es ihrer Bedeutung im Raupenleben entspricht, gehört den langen, gewundenen Kanälen einer Spinndrüse, deren Ausgang zur Mundöffnung führt. Aus solchen Drüsen stammen die Spurfäden, auf denen gesellig lebende Raupen einander folgen, stammt das Nest, das sie gemeinsam bewohnen, stammt jeder Abseilfaden und jeder Kokon – und natürlich auch jedes Modellkleid aus Naturseide.

Bild 15. Wolfsmilchschwärmer *(Hyles euphorbiae),* Raupe von hinten. Aufnahme H. Pfletschinger

Gliedmaßen

Ein so stabiler Körper braucht auch stabile Beine, die ihn zum Futter- und zum Ruheplatz befördern. Jeder der drei Brustringe trägt ein Paar kurze, kräftige Krallenfüße, die das vielgliedrige Schmetterlingsbein erst andeuten. Drei Beinpaare reichen aber zum Transport der Leibesfülle und -länge einer Raupe nicht aus. Schließlich ist sie ein Klettertier, wenn das bei ihrer Kleinheit auch nicht gleich auffällt. Für die Zeit dieses Kletterdaseins hat sie, je nach Art und mit Ausnahmen, drei oder vier stummelförmige Beinpaare am dritten bis sechsten Hinterleibsring. Sie sind aus einem frühen Entwicklungsstand im Ei auf Dauer der Raupenzeit ins aktive Leben übernommen worden. Am Körperende, am vorletzten Ring, sitzt noch ein Fußpaar, die „Nachschieber". Sie geben beim Kriechen Halt, aber auch noch, wenn der ganze übrige Raupenkörper nach einem neuen Sitz fahndet. Jeder der vorderen sechs Insektenfüße endet in einer spitzen Klaue, als „Steigeisen" verwendbar. Die Bauchfüße sind zum Festhalten da. Sie tragen an einer weichen Sohlenplatte einen Borstenkranz, rundum bei einigen Familien, an der äußeren Hälfte einer geteilten Sohle bei den anderen. Mit solchen sich gleichzeitig festsaugenden und ankrallenden Füßen kann eine Raupe sich sehr nachdrücklich, wohl auch reflektorisch, festhalten. Reißt man sie mit Gewalt von ihrem Platz, so kann das Verletzungen der Füße und eine für ein so kleines Tier leicht tödliche Infektion geben.

Atmung

Der Raupenkörper ist trotz seiner wenig elastischen Haut biegsam genug, um alle diese Füße beliebig und durchaus nicht nur gerade nacheinander einzusetzen. Eine Raupe mag sich aber noch so sehr zusammenringeln, ihr wird dabei nie die Luft ausgehen. Sie atmet beinah über die ganze Körperlänge. Am ersten Brustsegment und an fast allen Segmenten des Hinterleibs trägt sie zu beiden Seiten kleine, oft farbig umzogene Öffnungen, die Stigmen. Es sind Atemöffnungen, von denen aus feine, von Chitinspiralen gehaltene Luftkanäle, die Tracheen, durch ihren ganzen Leib ziehen, um ihn durch ihre Wände hindurch mit Luftsauerstoff zu versorgen. Atemzüge zur Beförderung der Luft gibt es nicht, aber die Tracheen können durch Blutdruck zusammengepreßt werden, dabei verbrauchte Luft aus dem Körper schaffen und neue ansaugen, wenn sie sich, ohne Druck, wieder ausdehnen. Mit einer solchen Atemtechnik kann Luft freilich nicht weit, etwa in das Innere eines großen Körpers, transportiert werden. Das ist der Grund, warum der Bauplan der Insekten keine großen Modelle liefern kann. Das Auftreten von Monster-Libellen, -Wespen oder anderem Schrekkensgetier muß darum der Science Fiction-Literatur, und zwar der wissenschaftlich schlampig gemachten, überlassen bleiben.
Daß die Tracheenöffnungen oft farbig hervorgehoben sind, mag mit ihrer besonders sauerstoffreichen Umgebung und dem um sie herum verdickten Chitin zusammenhängen. Weder sie noch andere Farbzeichnungen an Raupen, selbst an gesellig lebenden, haben, soweit man weiß, innerartlichen Signalcharakter. Raupen können einander kaum sehen, aber sie haben das auch in keiner Lebenslage nötig.

Bild 16. Raupe vom Totenkopfschwärmer *(Acherontia atropos).* Aufnahme H. Pfletschinger

Kopf und Sinnesorgane

Augen

Statt der leistungsfähigen, aus vielen sehtüchtigen Einzelteilen zusammengesetzten Komplexaugen der Schmetterlinge tragen die Raupen auf jeder der beiden Halbkugeln, aus denen ihre Kopfkapsel gefügt ist, ziemlich weit unten sechs einzelnstehende Punktaugen, jedes etwa einem Komplexaugen-Element entsprechend.

Bild 17. Kiefernschwärmer *(Hyloicus pinastri)*, fressende Raupe. Aufnahme H. Pfletschinger

Sogar mit dieser bescheidenen optischen Ausrüstung bringen es zumindest einige (untersuchte) Arten zu Richtungs- und Bewegungssehen, selbst zu einer gewissen Entfernungsmessung, all das freilich kaum nach menschlichen Maßstäben. Was sie uns voraushaben, ist die Fähigkeit, polarisiertes Licht wahrzunehmen, wofür sonst Bienen und Schmeißfliegen berühmt sind. Das vermögen aber auch die Blattwespenlarven, die, bei ähnlicher Gestalt, ein ähnliches Leben wie die Raupen führen. Die Fähigkeit, polarisiertes Licht wahrzunehmen, scheint also auch bei geruhsamer Fortbewegung von Nutzen zu sein. Den Raupen hilft sie, sich bei der Suche nach neuen Futterpflanzen zurechtzufinden, und bewahrt sie davor, im hohen Gras im Kreise zu laufen. Die Fähigkeit zur Lichtwahrnehmung durch die Haut, die sie mit anderen versteckt lebenden Tieren gemeinsam haben, dient nicht nur zur Orientierung beim Laufen, sondern läßt sie in Ruhestellung die herrschenden Lichtverhältnisse zur Tarnung nutzen.

Mundwerkzeuge: Mindestens sieben

Eine Raupe selbst würde wahrscheinlich die Bestandteile ihres Mundes für ihre wichtigsten Körperteile halten. Es sind solide, kräftige Werkzeuge zum Prüfen, Zerschneiden und Zerkleinern der Nahrung. Schwierig ist, daß man ihnen Namen aus der menschlichen Anatomie übertragen hat, obwohl sie zu siebt eher kreisförmig um eine rundliche Mundöffnung stehen. Die Mundöffnung sitzt unten am Raupenkopf und wird nach vorn von der Oberlippe (Labrum) verdeckt. Rechts und links dahinter stehen die beiden Oberkiefer (Mandibeln), dreieckige, gegeneinander bewegliche Platten, die je eine Schneide- und eine Kaukante haben. Darunter folgen beiderseits je ein Unterkiefer (Maxille), und den Abschluß bildet eine aus zwei Hälften verschmolzene Unterlippe (Labium), deren Mitte die Spinnwarze trägt. Vier gegliederte Taster, auf jedem Unterkiefer und jeder Unterlippenhälfte einer, sind in ständiger Bewegung, um die Nahrung zu prüfen. Sie tragen feinste Geschmacksinnesorgane mit getrennten Sinneszellen für das Erkennen von Zucker, von Salz, von verschiedenen Aminosäuren und für einzelne Gruppen chemischer Verbindungen, die für die betreffende Raupe wichtig sind. Es gibt aber auch Sinneszellen für fremde, verdächtige Stoffe, die einfach „Futter stop!“ an das Zentralnervensystem funken.

Die beiden Fühler, die eine Raupe besitzt wie andere Insekten auch, sind kurz und gedrungen und den Kopfhälften unterhalb der Punktaugen eingefügt. Mit ihren Sinnesorganen für die Wahrnehmung von Temperatur, Luftfeuchtigkeit und Gerüchen dürfte das Futterprüfen ihre Hauptaufgabe sein. Unterschiedliche Duftstoffe melden sie dem Zentralnervensystem durch Änderungen im Zeitmuster ihrer Reizleitung.

Das ganze Arsenal der Mundwerkzeuge ist gut zu erkennen, wenn man einer Raupe, die in einem Glasbehälter wandaufwärts läuft, mit der

Bild 18. Raupe vom Großen Gabelschwanz *(Cerura vinula)*. Aufnahme H. Pfletschinger

Lupe zuschaut. Man erkennt dann auch den von der Spinnwarze ständig mitlaufenden Seidenfaden, der ihr auf dem glatten Glas Halt gibt. So vor sich hin zu spinnen, ist aber nicht auf schwieriges Gelände beschränkt, sondern entspricht einem verbreiteten Raupenbrauch.

Farben und Zeichnung: Bunt bis zur Unsichtbarkeit

Farben und Einzelheiten der Gestalt sowie das entsprechende Verhalten hängen eng mit der Lebensweise jeder Raupenart zusammen. Sie lassen sich kaum zusammenfassend schildern. Bei einem wehrlosen Tier, das zu seinesgleichen keinen Sichtkontakt hat und seinen Aufenthalt nach dem Futter bestimmt, dient das Aussehen wohl hauptsächlich dem Zweck abzuschrecken, nicht gesehen oder doch nicht als Nahrungsmittel erkannt zu werden. Eine Raupe, die im Innern von Pflanzen lebt, hat keine derartigen Sorgen. Holz- und Wurzelbewohner sind meist weiß bis gelblich oder braun, in stoffwechselbedingten Farbtönen. Weißlich bis rosa ist, was in unserem Obst und anderen Früchten wohnt, und grün, was im Innern von Blatt und Stengel lebt.
Freilebende Raupen dagegen haben fast immer Muster aus vielerlei Farben und Schattierungen. Ein uneinheitlicher Körper fällt sogar auf der scheinbar so gleichförmigen Fläche eines Laubblattes weniger auf. Wirklich einheitliche Farben sind in der überall strukturierten Natur außerordentlich selten.

Bild 19. Weinschwärmer *(Deilephila)*, Raupe in Drohstellung. Der vordere Körperring zieht sich zu einer Verdickung ein, der Vorderleib wendet sich mit den Augenflecken dem Angreifer zu. Aufnahme H. Pfletschinger

Welches Planquadrat bitte?

Nicht zwei Raupenarten haben die gleiche Zeichnung, aber alle haben das gleiche Grundmuster, auch wenn man es manchmal kaum mehr erkennt. Es setzt sich aus den Mustern jedes einzelnen Ringes zusammen und wirkt durchlaufend, weil alle Segmente im Grunde gleichberechtigte Körperabschnitte sind. Am häufigsten zu finden und am leichtesten zu erkennen, also bei Beschreibung und Bestimmung von Raupen bevorzugt, sind Längslinien: Die oben auf dem Rücken (dorsal) und etwas darunter die Nebenrückenlinien (subdorsal), dann die Seitenlinien (lateral) entweder über, auf oder unter den Stigmen, der Fußstreif (pedal), der über die Bauchfüße läuft, und die Bauchlinie (ventral) mit den beiden Nebenbauchlinien (subventral) rechts und

Bild 20. Kleiner Fuchs *(Aglais urticae)*. Die gelbgestreiften Raupen ernähren sich von Brennesseln. Aufnahme H. Pfletschinger

links davon. Zusammen mit den Einschnitten der Körperringe teilen sie eine Raupe so sauber ein wie das Gradnetz den Globus.

Haare und Hautanhänge

Ob eine Raupe als nackt oder behaart zu gelten hat, hängt oft von der Vergrößerung ab, mit der man sie betrachtet. Freilebende Arten sind selten ganz ohne Haare. Auch mit spärlich verteilten kurzen Einzelborsten kann eine Raupe einen Schlupfwinkel ertasten, ohne sich erst hineinzwängen zu müssen. Ein Haar überträgt, durch Hebelwirkung verstärkt, jede leise Berührung und kann den Landeversuch einer Schlupfwespe verraten, solange noch Zeit zum Abwehren ist. Sitzen solche Borsten sternförmig auf erhabenen Hautbildungen, auf Warzen oder an Dornen, so wird ihre Wirkung noch verstärkt. Ein dichter Pelz, ob samtig oder langhaarig, ist zudem Verdunstungsschutz und dämpft Temperaturschwankungen, besonders wichtig bei einem kleinen Tier ohne Eigenwärme. Schließlich machen lange, nachgebende Haare, die notfalls auch ausgehen oder abbrechen, eine Raupe sicherlich schwerer ergreifbar und bremsen außerdem den Appetit der verschiedensten Vogelarten auf Raupen. Nur dem Kuckuck sagt man auch hier wieder ungewöhnliche Neigungen nach, ihm

Bild 21. Raupe vom Widderchen *(Zygaena filipendulae)*. Aufnahme H. Pfletschinger

sollen Raupen je haariger desto lieber sein. Bei einigen Arten kommen Gifthaare vor, noch nicht einmal millimeterlange, widerhakenbesetzte „Pfeile“, die leicht mit dem Wind fliegen. Sie reizen Haut und Augen bei Mensch und Tier und halten beide in gebührendem Abstand von den Nestern ihrer gesellig lebenden Besitzer. Die vielerlei Haar- und Hautgebilde, die die Form eines Raupenkörpers verändern, dienen vermutlich der Tarnung durch den aufgelockerten Umriß. Mit Sicherheit läßt sich noch nicht einmal etwas über die ausstülpbaren Drüsenorgane sagen, mit denen manche Raupen ätherische Öle zum Verdunsten bringen. Über die Abschreckungswirkung des Duftes sind sich die Beobachter nicht recht einig und vermutlich die raupenfressenden Tiere noch weniger.

Familien-Verhältnisse

Systematisches

Das Modell der Arbeitsteilung Raupe–Schmetterling hat sich in der Entwicklungsgeschichte so gut bewährt, daß nur noch kleine Änderungen für den jeweiligen Lebensraum nötig waren. Das betrübt die Systematiker, denn es erschwert die klare Unterteilung der großen Ordnung Schmetterlinge, Lepidoptera, in Familien, dieser in Gattungen und schließlich in Arten von unzweifelhafter Zugehörigkeit. Man traf die Einteilung, bei der man sich bis heute noch nicht überall einig ist, verständlicherweise nach den ausgewachsenen Schmetterlingen. Sie sind nicht nur die Form, auf die alle Entwicklung letzten Endes hinaus will; sie lassen auch durch Ähnlichkeiten im Bau der Genitalien und bei den Erkennungssignalen der Geschlechter Rückschlüsse auf mehr oder weniger naheliegende Kreuzungsmöglichkeiten und auf Verwandtschaftsbeziehungen zu. Der Verlauf der Flügeladern, Bau und Lage der Gehörorgane oder auch die Gliederung der Füße weisen auf die Höhe des Entwicklungsstandes einer Art.

Kleine Groß- und große Kleinschmetterlinge

Die allzu offensichtlichen Eigenschaften, nach denen man Schmetterlinge für den Hausgebrauch einteilt, die „Tag- und Nachtfalter“, die „Klein- und Großschmetterlinge“, sind dagegen wissenschaftlich wenig stichhaltig. Weder halten sich alle Falter an die solchermaßen vorgeschriebene Flugzeit, noch tragen alle Tagfalter in Ruhe die Flügel nach oben geklappt, alle Nachtfalter auf dem Rücken gefaltet. Manche „Großschmetterlinge“ bringen es auf wenige Millimeter, dafür gibt es „Kleine“ mit zehn Zentimetern Flügelspannweite.
Die viel einfacher gebauten, überhaupt nicht

auf Gründung von Verwandtschaftsbeziehungen eingerichteten Raupen mit ihrem wenig originellen einzigen Anpassungsziel, in Ruhe zu fressen, bieten noch viel weniger systematische Unterscheidungsmöglichkeiten. Aber ein Merkmal gestattet eine Einteilung, mit der wenigstens praktisch etwas anzufangen ist und die sich im groben mit der in Groß- und Kleinschmetterlinge deckt, und das ist die nach dem Aussehen der Bauchfüße. Die „Großen" haben Klammer-, die „Kleinen" Kranzfüße.

Kranz- und Klammerfußraupen: An ihren Füßen sollt ihr sie erkennen

Beim Kranzfuß ist die Sohlenplatte rundum von nach außen gekrümmten Borsten umgeben, beim Klammerfuß ist sie in Längsrichtung um einen Halm oder eine Blattkante faltbar, und dann trägt sie meist nur außen einen halben Hakenkranz, der die Haltewirkung verstärkt. Die eine oder andere Ausbildung der Füße hängt in erster Linie von der Lebensweise der Raupe ab.

Kleine Schmetterlingsarten, meist eben wirklich „Kleinschmetterlinge", haben auch kleine Raupen, und deren Problem ist, wie bei den Jungtieren der anderen, das Austrocknen. Sie leben deshalb in selbstgenagten Minen und Gängen innerhalb der Pflanzen (s. Bild 7) oder aber in gesponnenen Gängen aus Seide und Hilfsmaterial.

Allgemein bekannt ist die Raupenhülle der Kleidermotte. Umdrehen können sich die Raupen in solch einer Behausung nicht, aber dafür können sie ebensogut vorwärts- wie

Bild 22. Hartgras-Sackträger (Familie Psychidae), Raupe in selbstgefertigter Röhre. Aufnahme H. Pfletschinger

Bild 23. Brennesselzünsler *(Eurrhypara urticata)*, Raupe mit gleichförmigen Kotbällchen im Seidengespinst. Aufnahme H. Pfletschinger

rückwärtslaufen, der Häkchenkranz rund um die Sohlen greift in jeder Richtung. Die Raupen mancher Wicklerarten (Tortricidae) geben davon buchstäblich eine „Vorstellung". Sie leben in zusammengerollten, „gewickelten" und versponnenen Laubblättern, verhältnismäßig wenig geschützt und darum immer fluchtbereit. Lüftet man ein solches Versteck von einer Seite, dann saust das Räupchen in einer Art wellenförmigem Mini-Galopp zur anderen, und von dort, aufs neue gestört, ohne Kehrtwendung zurück.

Kranzfüße gehören aber nicht unbedingt zum kleinen Format, sondern zu einer bestimmten Lebensweise. Die Raupe des Weidenbohrers, 10 cm lang, die mit beachtlichen Mandibeln im Holz von Baumstämmen frißt, hat sie auch. Andererseits ist auf das Kennzeichen „Kranzfuß" dort kein Verlaß, wo kleine Raupen so sicher in Gallen oder Gespinsten wohnen, daß sie die Bauchfüße im Laufe der Artentwicklung ganz verloren haben. Gemeinsam ist all den kranzfüßigen Arten, daß sie einem nicht frei über den Weg laufen, schwer zu sehen und schwer zu bestimmen und alles in allem mehr ein Fall für Spezialisten sind. Meist häufig und für jedermann sichtbar dagegen sind ihre hübschen, bunten, metallglänzenden oder sanftschattierten Falterchen.

Nicht ganz so entmutigend: die „Großschmetterlinge“

Nimmt man die Bezeichnung Großschmetterling nicht gar zu wörtlich und zu wissenschaftlich, dann lassen sich dort nahezu alle jene größeren Raupen unterbringen, mit denen man ohne besondere Vorkenntnisse und ohne gezielte Suche Bekanntschaft machen kann, weil sie frei an Pflanzen leben. Das bedeutet, daß sie zum Klettern mit Klammerfüßen ausgestattet und sehr genau an ihren weniger geschützten, eng umschriebenen Lebensraum angepaßt sind. Der hat ihr Aussehen und ihr Verhalten geprägt, und beide sind als Grundlage für eine Bekanntschaft mit ihnen aufschlußreicher als ihre Stellung im System.

Von den Familieneigenschaften ist den meisten immerhin soviel geblieben, daß man auch einer Unbekannten halbwegs ansehen kann, wohin sie gehört. Vorausgesetzt, sie zählt zu keiner schwierigen Art, ist keine der zahlreichen Ausnahmen und befindet sich gerade in einer Häutungsstufe, die die Familieneigenheiten auch zeigt.
Im folgenden soll nun eine Reihenfolge der Familien nach deutlichen körperlichen Merkmalen gewagt werden, die der Reihenfolge des Systems nicht immer entspricht und keinen anderen Anspruch erhebt als den, das Kennenlernen zu erleichtern und Verwechslungen zumindest etwas unwahrscheinlicher zu machen.

Welche Raupe könnte das sein?

Auf den folgenden Seiten wollen wir das Bestimmen aufgefundener Raupen etwas erleichtern, indem wir für jede Schmetterlingsfamilie einen kurzen Steckbrief der Raupen erstellen und einige Vertreter dieser Familien im Bild vorstellen. Am Schluß jedes „Steckbriefes“ haben wir immer die Zeit des Raupenvorkommens (nach Koch, Wir bestimmen Schmetterlinge) angegeben, dabei bedeuten die Zahlen 1–12 die Monate, die Abkürzungen:
A = Anfang, M = Mitte, E = Ende des Monats, F = Frühjahr, S = Sommer, HS = Hochsommer, H = Herbst, W = Überwinterung, I = Frühlingsraupen, II = Herbstraupen.

(Die Nomenklatur richtet sich nach Novak/Severa, Der Kosmos-Schmetterlingsführer.)

Klammerfüßige Raupen (unserer wichtigsten und häufigsten Schmetterlingsfamilien)

Der erste Blick auf eine unbekannte Raupe trifft ziemlich sicher nicht die systematisch wichtige Zahl ihrer Bauchfüße, sondern ihre Oberfläche. Die Raupe trägt entweder einen Pelz aus längeren oder kürzeren Haaren oder aber bunte Haut, mag sie auch durch spärliche Behaarung schimmern. Der zweite Blick erfaßt besondere Kennzeichen auf dem einen oder anderen Segment oder aber eine Kette gleichmäßiger Leibesringe. Diese vier Kennzeichen benutzen die Bestimmungsbücher. Als Hinweis für die Familienzugehörigkeit einer Raupe sind sie deshalb recht brauchbar, über die Stellung der Familie innerhalb der ganzen Ordnung Schmetterlinge sagen sie nichts aus. Es sollen hier also klammerfüßige Raupen vorgestellt werden, und zwar nach dem Schema:

1. wenig behaart mit gleichmäßigen Leibesringen (S. 34–48)
2. wenig behaart mit deutlichen Kennzeichen auf einzelnen Leibesringen (S. 48–64)
3. dicht behaart mit gleichmäßigen Leibesringen (S. 65–71)
4. dicht behaart mit deutlichen Kennzeichen auf einzelnen Leibesringen (S. 72–91)

Die beiden größten Schmetterlingsfamilien werden gesondert am Schluß behandelt: die Spanner, weil sie mit der Gleichförmigkeit ihrer besonderen Gestalt gar nicht zu verkennen sind, und die Eulen, weil ihrer Vielfalt mit keinerlei gemeinsamen Raupenmerkmalen beizukommen ist.

1. Wenig behaarte Raupen mit gleichmäßigen Leibesringen

Hesperiidae – Dickkopffalter

Damit wäre die Familie der Dickkopffalter eigentlich schon ausgeschieden, weil sie Kranzfüße haben. Denen zuliebe sind sie heute bei den „Kleinschmetterlingen" untergekommen, nach vielen Umwegen und trotz der verwirrenden Eigenschaften ihrer Falter: Die Keulenform ihrer Fühler entspricht dem Tagfalter, die Verpuppung im Kokon aber dem Nachtfalter, und mit den in der Ruhe schräg gehaltenen Flügeln stehen sie zwischen beiden. Weil sie aber häufige, ansehnliche und bekannte Schmetterlinge sind, sollen sie hier doch vertreten sein.

Der deutsche Name Dickkopf ist für Falter wie Raupe bezeichnend. Der erste Brustring der Raupe ist halsartig verengt, so daß der dicke, runde Kopf sogar noch kurz vor der Häutung deutlich hervortritt. Der zu beiden Enden hin verschmälerte Körper und die Längsstreifen auf grünlichem Grund sind die klassische Tracht der grasbewohnenden Raupen, die damit übergangslos in die parallelnervigen Grasblätter eingepaßt sind. Die an Kräutern fressenden Dickkopf-Arten sind rundlicher und öfter grau als grün. Die Raupen spinnen die Blätter ihrer Futterpflanzen um sich zusammen, wenn auch nicht mehr so dicht wie die reinblütige Kranzfußverwandtschaft, und fressen an den nach innen gebogenen Blatträndern. Die meisten Dickköpfe überwintern als Raupe. Die schmale, dünnwandige Puppe wird, durch einen Gürtelfaden aufrechtgehalten, am Boden zwischen Pflanzenteilen eingesponnen.

Steckbrief: ca. 3 cm, 16füßig, spindelförmig, wenig oder nicht behaart, längsgestreift, dikker, runder, oben oft eingekerbter Kopf. Je nach Art an Gräsern oder Kräutern. 9-W-Frühsommer

Satyridae – Augenfalter

Die Augenfalter leben allesamt an Gräsern und zeigen auch alle das bewährte Tarnkleid, Spindelform mit Längsstreifen. Bei ihnen endet aber der Hinterleib über den Nachschiebern in zwei kleinen Spitzen, das unterscheidet sie sofort von den Dickköpfen und löst ihren

Bild 24. Raupe des Gestrichelten Braundickkopffalters *(Thymelicus lineola).* Aufnahme H. Pfletschinger

Bild 25. Raupe vom Mauerfuchs *(Lasiommata megera).* Aufnahme W. Zepf

Umriß auf dem Grasblatt noch besser auf. Der Kopf ist eher halbkugelig und wirkt flacher. Satyriden haben Klammerfüße, mit denen sie an der Blattkante sitzen, und kein schützendes Gespinst verbirgt sie dabei. Sie brauchen auch keines, denn fast alle fressen in den Nachtstunden und ruhen tagsüber am Boden. Die Augenfalter überwintern durchweg als Raupen, verpuppen sich im Spätfrühling am oder auch im Boden, einige recht häufige Arten in einer vielfädig festgesponnenen Stürzpuppe. Im Frühsommer erscheinen dann die vielerlei samtbraunen Falter mit den Augenflecken.

Steckbrief: 2,5 bis max. 5 cm. 16füßig, Spindelform, Hinterende zweispitzig mit Nachschiebern, längsgestreift, wenig oder dünn behaart, Kopf halbkugelig, nachtaktiv, an Gräsern. 8/9-W-Frühsommer

Pieridae – Weißlinge

Die Raupen der Weißlinge haben ausnahmslos Längsstreifen auf grünem Grund, und sei es, wie beim Zitronenfalter, nur einer an jeder Seite. Ein altes Wiener Verzeichnis, 1776 von Lehrern des Theresianums aufgestellt, gibt eine hübsche Gedächtnishilfe: Weißflügelfalter haben Rückenstreifraupen, Gelbflügelfalter haben Seitenstreifraupen. Die gleichmäßig walzenförmigen, schlanken Körper sind so fein behaart, daß sie wie überpudert aussehen, die Köpfe sind klein und haben annähernd Körperfarbe. Eine Ausnahme macht der Baum-

Bild 26. Raupe vom Baumweißling *(Aporia crataegi).* Aufnahme H. Pfletschinger

weißling, *Aporia crataegi,* mit seinen dunklen, behaarten Raupen. Sie leben in einem gemeinsamen Gespinst an Weißdorn und Obstbäumen, überwintern dort auch und trennen sich erst kurz vor der Verpuppung.
Die Futterpflanze ist für viele Weißlinge bezeichnend. Weißflügelige Arten, auch der Aurorafalter, *Anthocharis cardamines,* mit den orangeroten Vorderflügelhälften seiner Männchen, leben an Kreuzblütlern. Reseda und Kapuzinerkresse nehmen sie nur, weil darin die gleichen Senföle enthalten sind. Nur der Senfweißling, *Leptidea sinapis,* weißer Falter, grüngelb gestreifte Raupe, frißt dem Namen und der Flügelfarbe zum Trotz Horn- und Hufeisenklee *(Lotus, Hippocrepis).* Er zählt aber auch schon zur Weißlings-Untergruppe der Gelblinge, den drei *Colias*-Arten. Sie werden in unserer Ödland- und „Unkraut"-feindlichen Zeit immer seltener. Die „Goldene Acht", *Colias hyale,* Raupe dunkelgrün mit je zwei rötlichgelben Seitenstreifen, frißt Wikkenarten, und der Postillon, *Colias crocea,* Raupe dunkelgrün mit nur einem Seitenstreifen aus weißen und gelben Punkten, nimmt Hornklee und Luzerne. Postillon-Raupen treten erst im Sommer, als Nachkommen eingewanderter Südländer, in größeren Mengen bei uns auf, und auch das nur in günstigen Jahren. Die Falter, die später aus ihnen werden, überleben den Winter bei uns normalerweise nicht. *Colias palaeno*, den Hochmoorgelbling an der Sumpfheidelbeere *(Vaccinium uliginosum)*, bekommt man nur selten zu Gesicht. Einzelgänger vom Ei ab ist der Zitronenfalter, der als einziger Pieride als Falter überwintert. Im Frühling legt er einzelne Eier an Faulbaum- *(Rhamnus frangula)* und Kreuzdorn- *(Rhamnus cathartica)* Blättern ab. Die Weißlinge überwintern in einer Gürtelpuppe, die Gelblinge und der Baumweißling als Raupen.

Bild 27. Raupe vom Senfweißling *(Leptidea sinapis).* Aufnahme Th. Ruckstuhl

Steckbrief: 2,5–5 cm, 16füßig, schlank, kurzhaarig. Vorherrschend grün mit gelben Streifen, mit Ausnahmen an Kreuz- und Schmetterlingsblütlern. 1. Mittsommer, 2. Herbst, Zitronenfalter 6/7

Lycaenidae – Bläulinge

Die Bläulinge sollen hier folgen, weil ihre Raupen dünn und kurz behaart sind und

Seite 38/39:

a	b	e	f
c	d	g	h

Bild 28 a–h: Entwicklung des Zitronenfalters *(Gonepteryx rhamni).* **a** Eier, **b** Raupe, zur Verpuppung angeseilt, **c** Beginn der Verpuppung, **d** Verpuppung, **e** Puppe, **f** schlüpfender Falter, **g** Entfaltung der Flügel, **h** frisch geschlüpfter Falter mit voll entfalteten Flügeln. Aufnahmen H. Pfletschinger

Bild 29. Raupe vom Fetthenne-Bläuling *(Scolitantides orion).* Aufnahme Th. Ruckstuhl

gleichmäßige Segmente haben, wenn man die kleinen, ausstülpbaren Sekretdrüsen auf dem 11. Segment einiger ameisenfreundlicher Arten nicht rechnet. Im Gesamteindruck unterscheiden sich die Bläulinge deutlich von den bisher beschriebenen. Mit einem nicht ganz glücklichen Vergleich werden sie als „asselförmig" bezeichnet, obwohl der hochgewölbte Rücken mit gerader Bauchfläche und die eher spitz zulaufenden Leibesenden nur entfernt an die flachovale Asselgestalt erinnern. Die verläßlich vorhandenen drei Linien, eine auf dem Rücken und eine an jeder Seite, sehen bei so viel Rundlichkeit gar nicht mehr wie richtige „Seitenstreifen" aus. Wenn die Raupe den sehr kleinen Kopf erschreckt in die ersten Ringe zurückzieht, wirkt sie noch gedrungener. Jungtiere bevorzugen die Unterseite von Blättern, Bewohner von fleischigen Pflanzen wie Enzian oder Fetthenne fressen sich auch ganz in Stengel oder Blatt hinein. Die meisten überwintern als Raupe, manche fertig im Ei. Sie verpuppen sich je nach Art am Boden oder als Gürtelpuppe, manche im Ameisennest.

Steckbrief: 1,5–2,5 cm (Feuerfalter bis 3 cm), 16füßig, bucklig mit zugespitzten Enden, Kopf klein. Gruppe Zipfelfalter 5/6 *(Thecla, Strymonidia, Callophrys)* an Bäumen, Feuerfalter 5–8/9 *(Chrysophanus)* bevorzugen Ampferarten, Bläulinge (früher *Lycaena,* jetzt aufgeteilt) 5–9 an niederen Kleeverwandten.

Bild 30. Widderchen *(Zygaena filipendulae).* Die Raupe fertigt einen Kokon. Aufnahme H. Pfletschinger

Zygaenidae – Widderchen

Die Raupen der Widderchen oder Blutströpfchen tragen wenige, aber nicht ganz kurze Haare abstehend auf kleinen Warzen über die Leibesringe verteilt (s. Bild 21). Sie haben häufig den gleichen Lebensraum, ja sogar die gleichen Futterpflanzen wie die Bläulinge. Die kurzen, dicken Raupen mit den einziehbaren kleinen Köpfen sind leicht mit den Bläulingsraupen zu verwechseln, zumal eine Zygaene, die gestört wird, den ohnehin runden Rücken noch buckliger zusammenzieht. Als unverkennbaren, aber wenig offensichtlichen Unterschied trägt sie die Haken ihrer Klammerfüße innen. Deutlicher ist die nicht abgeflachte Unterseite des Körpers, und statt der Streifen haben Zygaenenraupen Punkte, auch wenn die in Reihen angeordnet sind. Die Haare stehen sternförmig, sich überschneidend, auf den Warzen. Eine Zygaene sieht einfach „raupenförmiger" aus als eine Bläulingsraupe. Auch hat sie keinen Grund, sich zu verstecken, denn sie schmeckt – ebenso wie ihr Falter – nachweislich abscheulich.

Zygaenen überwintern als Raupen in einer Winterhaut, die sie im Frühling erst abstreifen müssen, bevor sie wieder fressen können. Ihre Puppen liegen, weichhäutig und gegliedert, in einem langgezogenen, spindelförmigen, weißen oder gelben Kokon, der papierartig verleimt und an Pflanzenteile angesponnen ist.

Steckbrief: 1,5–3 cm, 16füßig, dick und faltig, Kopf klein, einziehbar, Haare sternförmig auf Warzen. Meist an niedrigen Schmetterlingsblütlern. Verwechslungsmöglichkeit mit Raupen der Federmotten (Pterophoridae, Kleinschmetterlinge, an Ackerwinde u. a.) 8-W-5/6

Saturniidae – Nachtpfauenaugen

Die Nachtpfauenaugen sind bei uns nur durch das Kleine Nachtpfauenauge, *Saturnia pavonia,* vertreten, und schon das sieht so üppigtropisch aus, wie der größere Teil der Familie es ist.
Die Jungraupen leben bis zur zweiten Häutung gesellig an Schlehen und deren Verwandten, auch an Heidekraut. Sie sind schwarz mit roten Seitenstreifen und tragen auf schwarzen Knopfwarzen lange, silbrige Sternhaare. Die stehen auf der noch kleinen Raupe so dicht, daß man sie leicht in die Kategorie der Pelzraupen übernehmen könnte. Nach den ersten Häutungen und einer scheckigen Übergangszeit werden sie zu prächtigen fingerlangen, grünschwarzgoldenen Erwachsenen. Der südeuropäischen Art *Saturnia pyri* fehlen die schwarzen Spangen, sie trägt auf türkisgrünem Grund himmelblaue Warzen mit langen, in Knöpfen endenden Haaren – ein richtiges Urlaubswunder.

Unser Nachtpfauenauge überwintert in einer dicken braunen Puppe in einem festgesponnenen, hartverleimten Kokon, an der Erde oder bodennah versteckt. Für den großen, weichflügeligen Falter hat der Kokon eine entsprechend große Öffnung, die aber durch eine Art Reuse gegen Eindringlinge gesichert ist.

Steckbrief: 6–7 cm, 16füßig, an Schlehe, Weißdorn und Verwandten, auch an Heidekraut. 5/E 7

Nymphalidae – Edelfalter

Unsere häufigsten großen bunten Schmetterlinge gehören durchweg zu den Edelfaltern. Ihr zweiter deutscher Name, Dornraupenfalter, weist auf ein gemeinsames, unverwechselbares Kennzeichen hin, auch wenn die Dornenform bei den zahlreichen Gattungen wechselt. Um der besseren Übersicht willen unterteilt man die Famile in vier Gruppen: Die Eckenfalter, mit dem Tagpfauenauge, *Inachis io,* die Scheckenfalter, mit dem Wachtelweizen-Scheckenfalter, *Mellicta athalia,* die Perlmutterfalter, mit dem Kaisermantel, *Argynnis paphia,* und schließlich Schillerfalter und Eisvogel, *Apatura* und *Limenitis.*
Die Raupen der **Eckenfalter** tragen auf jedem Ring, mit Ausnahme des ersten, einen Gürtel aus steifen, dünnen, verzweigten Dornen. Fast alle ihre Raupen leben in Geschwistergesellschaften auf der Großen Brennessel, die schwarzen, gelbgestreiften vom Kleinen Fuchs (*Aglais urticae,* s. Bild 20) und die etwas sonnenbedürftigeren schwarzen, weißgepunkteten vom Tagpfauenauge *(Inachis io)*, die kleinen schwarzen Landkärtchen, die mit ihren Kopfstacheln wie gehörnt aussehen *(Araschnia levana)*, und, vom Ei ab einzeln, die des Admirals *(Vanessa atalanta)*, der zwar in der dunklen Grundfarbe variiert, aber immer gelbe Dornen, gelbe Punkte und einen gelben Seitenstreifen hat. Der Distelfalter, nah mit ihm verwandt und sehr ähnlich, trägt auf seiner graugrünen Raupenhaut zusätzlich einen gelben Rückenstreifen. Distelfalter *(Vanessa cardui)* findet man seltener auf Brennesseln, wohl aber im Juni an Disteln. Dabei ist die Raupe

Bild 31. Kleines Nachtpfauenauge *(Saturnia pavonia),* erwachsene Raupe. Aufnahme H. Pfletschinger

mit dem Futter gar nicht so heikel, wohl aber der Falter bei der Pflanzensuche. Admiral- und Distelfalterraupen sind Kinder südländischer Eltern, die alljährlich in wechselnder Zahl bei uns einfliegen. Möglicherweise haben sie aus ihrer warmen Heimat den Brauch mitgebracht, Blätter der Futterpflanze als Sonnenschutz um sich zusammenzuziehen. Die Distelfalterraupe schließt diese Behausung etwas weniger dicht um sich als die des Admirals, sie hat ja auch mit sparrigerem Material zu rechnen.

Bild 32 (links oben). Raupe vom Tagpfauenauge *(Inachis io).* Aufnahme H. Pfletschinger

Bild 33 (links unten). Landkärtchen *(Araschnia levana),* gesellig lebende Raupen. Aufnahme H. Pfletschinger

Bild 34. Raupe vom Distelfalter *(Vanessa cardui).* Aufnahme H. Pfletschinger

Die Raupe des C-Falters, *Polygonia c-album,* mit den auffallend hellen Dornen, die erwachsen durch weiße Rückenflecke so merkwürdig quergeteilt aussieht, nimmt Brennesseln, aber auch Gehölze an.

An Bäumen leben die Raupen des Trauermantels *(Nymphalis antiopa)* und des Großen Fuchses *(Nymphalis polychloros).* Jede der beiden Arten lebt vom Ei an gesellig. So sind sie leichter zu entdecken, aber auch, vor allem wenn sie sich in Gärten verirren, leichter umzubringen und darum in den letzten Jahren deutlich seltener geworden. Die Trauermantelraupen, an Birke, Weide oder Pappel, tra-

Bild 35. Raupe vom C-Falter *(Polygonia-c-album)*. Aufnahme H. Pfletschinger

gen unter ihren schwarzen Dornen rostrote Flecke und helle Pünktchen auf der dunklen Haut. Die vom Großen Fuchs sind nach einem schwärzlichen, haarigen Kinderkleid schiefergrau, ganz fein weiß behaart, mit bräunlichgelben Dornen und Streifen.

Eckenfalter überwintern als Schmetterlinge, Admiral und Distelfalter gehen wenigstens als solche in den Winter, haben aber bei uns wenig Aussicht, ihn zu überleben. Nur die Landkärtchen überwintern als Puppe, und aus den Herbstraupen, die nur kurze Tage mit wenigen Lichtstunden erlebten, werden hellflügelige Falter, die Frühlingsform *Araschnia levana*. Die ihnen folgende Raupengeneration aus den Langtagen des Juni ergibt die *Araschnia prorsa* genannten Sommerlandkärtchen des August.

Steckbrief: 3–5 cm, 16füßig, langgestreckt walzenförmig, Kopf deutlich abgesetzt und herzförmig eingeschnitten, durchgehend bedornt. Auf Brennessel, Distel, Obstbäumen, Weide. I 5/6 (7); II 7/8

Die **Scheckenfalter** weichen vom Dornraupentyp etwas ab, ihre zahlreichen Dornen, bis zu elf auf einem Ring, sind eher behaarte Fleischzapfen. Dunkle Hautfarbe und dunkle bis schwarze Dornen sind verbreitet, und eine allgemeine, aber nicht strenge Vorliebe für Wegerich macht das Unterscheiden der achtzehn

Arten auch nicht leichter. Vom Hochsommer an leben sie gemeinschaftlich eingesponnen an ihren niedrigen, vom Falter ausgesuchten Futterpflanzen, überwintern auch zusammen und gehen erst im Frühjahr, bis zur Verpuppung Ende Mai, ihre eigenen Wege.

Steckbrief: 3–4 cm, 16füßig, dick, walzig, mit kegelförmigen, kurzborstigen Erhöhungen auf allen Segmenten. An Wegerich und anderem. 7 (8)-W-5

Bild 36 (oben). Raupe vom Trauermantel *(Nymphalis antiopa).* Aufnahme W. Zepf

Bild 37 (unten). Raupe vom Gemeinen Scheckenfalter *(Mellicta athalia).* Aufnahme H. Pfletschinger

Bild 38. Raupen vom Kaisermantel *(Argynnis paphia).* Aufnahme H. Pfletschinger

Die Raupen der *Argynnis*-Gruppe, zoologisch inzwischen anders unterteilt, aber immer noch **Perlmutterfalter** genannt, tragen auf bunter Körperzeichnung farbige, behaarte Dornen, sechs auf jedem Ring, auf dem Analsegment nur vier. An den drei Brustringen sind die Seitendornen zu haarigen Wärzchen verkürzt, dafür stehen die ersten zwei Mitteldornen lang und wie Hörnchen nach vorn. Das sicherste Kennzeichen der Gruppe ist ihre Vorliebe für Veilchen, an denen sie zur Nachtzeit fressen. Am Tage verbergen sie sich, an der Marschleistung einer Raupe gemessen, oft weit von der Futterpflanze entfernt am Boden. Sie sind alle nicht mehr häufig. Die vier Arten, die man an ungestörten Waldwiesen und Gebüschrändern noch trifft, sind am besten nach der Farbe ihrer Dornen zu unterscheiden: Hellrot beim Kleinen Perlmutterfalter *(Argynnis (Issoaria) lathonia,* weißlich-cremefarben beim Mittleren Perlmutterfalter *Argynnis (Fabriciana) niobe,* schwarz beim Großen Perlmutterfalter *Argynnis aglaja (Mesoacidalia charlotta),* gelb beim Kaisermantel *Argynnis paphia.* Alle *Argynnis*-Arten überwintern als Jungraupen.

Steckbrief: 3–5,5 cm, 16füßig, hell und gleichmäßig bedornt, an Veilchen. 7 (8)-W-5 (6)

2. Wenig behaarte Raupen mit deutlichen Kennzeichen auf einzelnen Leibesringen

Die je zwei **Eisvogel-** und **Schillerfalterarten** rechnet man in die Nähe der Dornraupenfal-

Bild 39. Raupe vom Großen Eisvogel *(Limenitis populi).* Aufnahme Th. Ruckstuhl

ter, obwohl sie deutlich anders und, für unsere Einteilung, ungleichmäßig aussehen. Sie stehen nur um der Vollständigkeit willen hier. Früher durften die großen, bunten Falter in keiner Sammlung fehlen, aber keine Nachstellung hat sie so rasch verschwinden lassen wie die Vernichtung ihres Lebensraumes, der wirtschaftlich uninteressanten, feuchten, unterholzreichen, lichten Laubwälder.

Bild 40. Raupe vom Großen Schillerfalter *(Apatura iris).* Aufnahme Th. Ruckstuhl

Der Kleine Eisvogel, *Limenitis camilla,* grün mit roten Dornen, zeigt die Verwandtschaft zu den Dornraupen und ist wohl die einzige davon auf der Heckenkirsche, *Lonicera.* Der Große Eisvogel, *Limenitis populi,* frißt häufig an Espen, *Populus tremula.* Er trägt zwei Reihen behaarter, länglicher Warzen auf dem grünen und braunen Rücken, von denen das erste Paar hinter dem Kopf länger ausgezogen ist. Die Kopfkapsel endet oben in zwei kleinen Spitzen, was dem „Gesicht" den Ausdruck hochgezogener Augenbrauen gibt.

Steckbrief: 4–5 cm, 16füßig, zwei Längsreihen stumpfer, ästiger Dornen bzw. Scheindornen auf dem Rücken, Kopf in kurze Spitzchen ausgezogen. An Heckenkirsche bzw. Pappel/Espe.

Beim Großen und beim Kleinen Schillerfalter, *Apatura iris* und *Apatura ilia,* sind diese beiden Kopfkapselspitzen am überwinterten, halberwachsenen Tier lang ausgezogen. Zusammen mit dem unten abgeflachten, hinten zugespitzten Leib gibt das den Raupen das Aussehen von Nacktschnecken mit ausgestreckten Fühlern, freilich grünen Schnecken mit gelben seitlichen Schrägstrichen. Bei beiden Arten laufen farbige Streifen von den Spitzen der „Fühler" in Richtung Mundöffnung; sie sind beim Großen Schillerfalter, der an Pappel und Weide lebt, hellblau und beim Kleinen, der nur an Weiden gedeihen soll, schwarz.

Steckbrief: 4–5 cm, 16füßig, zwei lange, am Ende gegabelte Kopfdornen, Hinterende zweispitzig mit Nachschiebern. Gesichtsstreifen blau bzw. schwarz, an Pappel/Espe/Weide. 8/9-W-5/6

Steckbrief Nymphalidae: 4–5 cm, mit Dornen oder behaarten, fleischigen Fortsätzen (Scheindornen) besetzt.

Sphingidae – Schwärmer

Die Raupen der Schwärmer kennzeichnet das mehr oder weniger gekrümmte Horn auf dem elften Segment, anatomisch aus Borsten ent-

Bild 41. Kleiner Weinschwärmer *(Deilephila porcellus),* ältere Raupen nach mehreren Häutungen. Aufnahme H. Pfletschinger

Bild 42 (rechts). Raupe vom Windenschwärmer *(Herse convolvuli).* Aufnahme W. Zepf

standen und darum in das Hautmuster nicht einbezogen. Zwei Arten, der Kleine Weinschwärmer, *Deilephila porcellus,* und der Nachtkerzenschwärmer, *Proserpinus proserpina,* haben nur einen Ansatz dazu. Sie sind aber sonst auch von typischer Schwärmergestalt, groß, nach hinten verdickt, mit umge-

kehrt herzförmigem „Gesicht“ und kräftigen, geradezu oberschenkelhaft angesetzten Nachschiebern. Der Name Sphinx, den die Schwärmer von alters her tragen – heute ist er in viele neue Bezeichnungen unterteilt –, gilt der Droh- oder besser Protesthaltung der Raupen, mit hochgebäumtem Vorderkörper und eingezogenem Kopf, den dann eine „Mähne“ von Hautfalten umgibt. Er soll an das Haupt, die vorgestreckten 1. Bauchfüße an die Pranken der Sphinx erinnern.

Raupen solcher Größe fallen leicht auf. Deshalb sind Schwärmerraupen Paradestücke für Gegenschattierung, für Farbanpassung an den von Größe und Gewicht des Tieres bestimmten Platz auf der Futterpflanze und für die Körperaufteilung durch Farbzeichnung.

Die Riesenraupe des Totenkopfs, *Acherontia atropos* (s. Bild 16), deren Eltern alljährlich aus Nordafrika zufliegen, wird man im Zeitalter der Insektizide und der lückenlosen Kartoffelkäferbekämpfung kaum mehr finden. Sie könnte aber das erste Tier sein, dem ein Vorteil aus der behördlichen Leidenschaft für Gartenpflanzen in freier Natur erwächst, denn sie nimmt außer der Kartoffel auch die Bocksdornbüsche an den Bahnböschungen an, die ja ebenfalls Nachtschattengewächse sind. Der Windenschwärmer, *Herse convolvuli,* ebenso groß, ebenfalls in einer braunen und einer grü-

Bild 43. Raupe vom Pappelschwärmer *(Laothoe populi).* Aufnahme W. Zepf

Bild 44. Raupe vom Kiefernschwärmer *(Hyloicus pinastri).* Aufnahme H. Pfletschinger

nen Variante, aber mit einfachen statt doppelten Querstrichen und einfach statt doppelt gebogenem Horn, lebt, etwas weniger selten, an seiner Namenspflanze, und nur an ihr. Man begegnet der Windenschwärmerraupe selten, weil sie nur nachts frißt und sich am Tage sogar eingräbt.

Ein Modell für die drei baumbewohnenden Schwärmer ist der Pappelschwärmer, *Laothoe populi.* Er selber ist hellgrün, mit gelben Streifen und grüngelbem Horn und lebt an Weiden, Pappeln und Espen. Sein Gegenstück in blaustichig ist das Abendpfauenauge, türkisgrün, mit weißen Streifen und blauem Horn, und ins Rötliche geht der Lindenschwärmer, *Mimas tiliae,* mit bräunlichgrünem Leib, rostfarbenen, gelb gerandeten Streifen und blauem oder grünem Horn. Unter dem Horn trägt er als persönliches Kennzeichen eine kleine, dunkle, hornige Platte wie ein Nummernschild. Alle drei wirken mit ihren Schrägstreifen an der Futterpflanze wie Blatthälften mit Adern. Die grüngestromte Kiefernschwärmerraupe, *Hyloicus (Sphinx) pinastri,* mit ihrem Spezialmuster für Nadelhölzer, löst sich am Baum in lauter einzelne Nadeln auf, mit dem braunen Rückenstreifen als Zweig.

Ligusterschwärmer *(Sphinx ligustri),* die außer Liguster auch andere Ölbaumgewächse nehmen, wie Esche oder Forsythia, sitzen am Zweig ihrer Futterpflanze, als wären sie eine Reihe der kleinen Blätter, mit den weiß-violetten Schrägstrichen als Blattlücken dazwischen.

Bild 45. Raupe vom Ligusterschwärmer *(Sphinx ligustri).* Aufnahme H. Pfletschinger

Bild 46. Raupe vom Mittleren Weinschwärmer *(Deilephila elpenor).* Aufnahme Th. Ruckstuhl

Die beiden Weinschwärmer, *Deilephila elpenor* und *Deilephila porcellus* (s. Bild 41), der Mittlere und der Kleine, fressen zuerst klein und grün am Rande der Weidenröschenblätter, häuten sich aber zu stengelfarbigem Braun, sobald ihr Gewicht sie zwingt, auf die festen Stengel überzusiedeln. Beide tragen auf dem vierten und fünften Ring das Augenzeichen, das wohl überall in der Natur als Drohung gemeint ist. Voneinander unterscheiden sie sich durch die Hornlosigkeit des Kleinen. Die zweite hornlose Schwärmerraupe, die des Nachtkerzenschwärmers, *Proserpinus proserpina,* die ebenfalls an Weidenröschen lebt, hat statt der Augenflecke eine körperlange Kette aus blau und gelben Umrandungen ihrer Atemlöcher.

Meist in Bodennähe findet man die beiden Schwesternarten des Labkrautschwärmers *(Celerio galii)* und des Wolfsmilchschwärmers *(Celerio euphorbiae),* beide zutreffend nach ihren Futterpflanzen benannt, an denen man sie zumindest am häufigsten findet. Der Labkrautschwärmer geht etwas weiter ins Gebirge hinauf und nimmt dann auch Weidenröschen. Hellen Sonnenschein mögen sie alle beide nicht.

Von den drei kleinen Schwärmern, deren

Bild 47. Raupe vom Labkrautschwärmer *(Celerio galii).* Aufnahme H. Pfletschinger

Bild 48. Raupe vom Taubenschwänzchen *(Macroglossum stellatarum).* Aufnahme Th. Ruckstuhl

Raupen nur fünf Zentimeter lang werden, hat das häufige, tagfliegende Taubenschwänzchen, *Macroglossum stellatarum,* auch eine tagfressende Raupe. Als Zugereiste aus dem Süden werden beide die wärmsten Tageszeiten bei uns ausnutzen, und beide kommen auch nicht durch unseren Winter. Taubenschwänzchenraupen sind an Labkraut zu finden. An ihrem mehlig-hellblauen Horn mit dunkler Spitze sind sie von den beiden anderen kleinen Schwärmerraupen zu unterscheiden. Das Horn des Hummelschwärmers, *Hemaris fuciformis*, ist rotbraun und gekrümmt, das des Skabiosenschwärmers, *Hemaris tityus*, rotbraun und gerade. Schwärmerraupen sind von Mitte Juni bis zum September unterwegs und überwintern als Puppe, nachdem sie sich zuerst auffällig verfärbt und dann in die Erde eingegraben haben.

Steckbrief: 5–15 cm, 16füßig, zum Hinterende verdickt, haarlos, Horn auf dem 11. Ring (zwei Ausnahmen), keine durchgehende Seitenlinie (Ausnahme Kleinformen), Horn nicht in Körpermuster einbezogen, Kopf klein, an „Sphingidenpflanzen“ (s. S. 96). 6/9

Syssphingidae

Die Familie der Syssphingidae hat keinen deutschen Namen und nur einen einzigen deutschen Vertreter, den Nagelfleck, *Aglia tau,* dessen ältestes Raupenstadium möglicherweise mit einer Schwärmerraupe zu verwechseln ist. Der Falter sieht wie ein zimtbraunes Nachtpfauenauge aus und wurde auch

Bild 49. Ältestes Stadium der Nagelfleck-Raupe *(Aglia tau).* Aufnahme H. Pfletschinger

Bild 50. Birkenspinner-Raupen *(Endromis versicolora)* in Schreckstellung. Aufnahme W. Zepf

lange in diese Verwandtschaft gestellt. Die Eiraupe, ein winziges Fabeltier, das fünf lange, dünne, rot bis schwarzrot und weiß gebänderte Fortsätze wie Reservebeine auf dem Rücken trägt, lebt zuerst gesellig in Buchenwipfeln. Erwachsen, einzeln und wesentlich schlichter bekommt man die Nagelfleckraupe am ehesten zu sehen, wenn der Sturm sie aus dem Baum geworfen hat. Den wulstigen dritten Ring könnte man für eine beginnende Sphinx-Haltung nehmen, aber das fehlende Horn und die Verjüngung nach hinten widersprechen der Verwandtschaft. Vor allem aber ziehen die seitlichen Schrägstriche von vorn oben nach hinten unten, die der Schwärmer dagegen umgekehrt, wie bei den meisten Raupen.

Nagelfleckraupen verpuppen sich in einem Gespinst am Boden und überwintern als Puppe.

Steckbrief: 5–6 cm, 16füßig, Ringe wulstig, vor allem der dritte. Grün, roter Seitenfleck am vierten Ring, weiße Seitenlinie, nackt. Jung mit langen roten Rückenfortsätzen, Kronenregion der Buchen. 5/A8

Endromididae - Scheckflügel

Die Scheckflügel haben, mit dem Birkenspinner, *Endromis versicolora*, auch nur eine Art in Deutschland. Die Raupe, dick und grün, läßt sich sowohl mit Schwärmern als auch mit dem Nagelfleck verwechseln, wenn sie ihre erste

Jugend, gesellig lebend und schwarz und fein behaart, hinter sich hat. Ihr spitzer kleiner Fortsatz auf dem elften Ring ist aber deutlich vom Analsegment mit gebildet, und bei ihrer Art der „Sphinx"-Haltung ist der Kopf nicht eingezogen, sondern spitz weit vorgestreckt. Schließlich trägt sie einen Seitenstreifen, aber nur an den Brustringen, und das ist für einen Schwärmer zu viel und für einen Nagelfleck zu wenig. Ihre Schrägstriche laufen, wie beim Nagelfleck, verkehrt herum. Als Gedächtnishilfe: Die zwei tragen ihre Schrägstriche, als ob es zurückgebürstete Haare wären, bei den meisten anderen Raupen verlaufen sie wie Pferdezügel.
Der Birkenspinner verpuppt sich in einem pergamentartigen, mit Sandkörnchen verstärkten Gewebe am Boden und überwintert dort.

Steckbrief: 5–6 cm, nackt, Kopf rund und klein. Sitzt gern mit abgehobenem Vorderkörper und hochgestreckten Brustfüßen. An Birke, Hasel und Erle, bevorzugt in mittlerer Asthöhe. 5/7

Bild 51. Raupe vom Schwalbenschwanz *(Papilio machaon)* in Drohstellung. Aufnahme H. Pfletschinger

Papilionidae – Ritterfalter

Die Ritterfalter tragen zwar ein deutliches Kennzeichen auf dem sonst unbehaarten Leib, aber nur unter bestimmten Umständen. Familienmerkmal ist eine zwischen Kopf und erstem Segment ausstülpbare drüsige Nackengabel (Osmaterium). Erhöhung des Blutdrucks läßt sie hervortreten, d. h. also Schreck, und Muskeln ziehen sie wieder ein. Bei der Seltenheit und Gefährdung aller vier Ritterfalterarten ist es nicht angebracht und auch nicht nötig, zum Bestimmen eine Schreckreaktion zu erzwingen. Die Raupen sind auch ohnedies kenntlich an ihrer Größe, ihren prallen Leibesringen und dem kleinen Kopf.

Die grünschwarzrote Schwalbenschwanzraupe, *Papilio machaon,* war früher überall häufig. Heute findet man sie gelegentlich noch in Gärten auf Möhren oder Dill oder auf wilden Doldenblütlern im Trockenrasen. Die merkwürdige Neigung der Falter, sich am höchsten Punkt einer Landschaft zu versammeln, erhöht die Chance, in solchen Gegenden auch Raupen zu finden. Der wärmeliebende Segelfalter, *Iphiclides podalirius,* ist bei uns an der Grenze seiner Verbreitung. Mit den Schlehenhecken an warmen Hängen der Weinberge, die überall der Flurbereinigung zum Opfer fallen, verschwindet auch er. Wenn die dicken Raupen

an Schlehenzweigen sitzen, den Vorderleib bei eingezogenem Kopf angehoben, mit heller Rückenlinie und seitlichen Schrägstrichen wie Blattadern, sind sie nur dem sehr geübten Auge von den Schlehenblättern zu unterscheiden.

Die samtschwarzen, seltenen Apolloraupen, die schon seit 1908 unter Naturschutz stehen, *Parnassius apollo* und *mnemosyne,* findet man fast nicht mehr.

Schwalbenschwanz und Segelfalter überwintern als Gürtelpuppe, die Apollos als Raupen.

Steckbrief: 3,5–5 cm, 16füßig, pralle Ringe, kleiner Kopf, der leicht eingezogen wird. Auf Doldenblütlern, Schlehe, Fetthenne, Lerchen-

Bild 52. Raupe vom Segelfalter *(Iphiclides podalirius).* Aufnahme Th. Ruckstuhl

Bild 53. Raupe vom Weiden-Sichelspinner *(Drepana falcataria).* Aufnahme W. Zepf

sporn, je nach Art in dieser Reihenfolge. 6/7–8/9
Alle Papilioniden stehen unter Naturschutz!

Drepanidae – Sichelflügler

Die Sichelflügler sind sehr wenig bekannt, aber nicht selten. Sie leben an Laubhölzern und sind, wenn man sie erst einmal entdeckt hat, gar nicht zu verkennen. Die Raupen halten das nachschieberlose, spitz zulaufende Hinterende ebenso wie den Kopf hochgebogen, so daß der ganze kleine Körper halbmondförmig wirkt. Bei Berührung lassen sie sich wegschnellen, als sei dieser Bogen durch eine unsichtbare Sehne gehalten gewesen. Die vorderen Ringe haben Höcker, der Kopf ist herzförmig ausgeschnitten oder zu kleinen Spitzen hochgezogen, der Körper durch eine schwungvolle Längslinie in zwei Farbfelder geteilt, braun/grün oder braun/gelb. Sichelflügler verpuppen sich in zusammengesponnenen Blättern und überwintern als Puppe.

Birke und Erle, Linde, Eiche und Buche haben jede ihren eigenen Sichelflügler, der sie bevorzugt, ohne ihnen unbedingt die Treue zu halten, mit Ausnahme möglicherweise des Buchensichlers.

Steckbrief: 2,5–3 cm, 14füßig, Hinterende spitz zulaufend ohne Nachschieber, vorn höckrig, spärlich behaart, längsgeteilt zweifarbig. I 8/9 (10) – II 6 (7)

Bild 54. Raupe vom Rosenfleckenspinner *(Thyatira batis)* in Ruhestellung. Aufnahme W. Zepf

Thyatiridae – Wollrückenspinner

Die Wollrückenspinner haben ihren Namen von den Faltern, denn ihre Raupen sind nackt. Sie sind eine etwas uneinheitliche Gesellschaft von Anpassungskünstlern, haben aber alle den auffällig dicken Kopf, der wie aus zwei bronzeschimmernden Halbkugeln zusammengesetzt scheint. Die Raupe des Rosenfleckenspinners, *Thyatira batis,* scheint von bizarrer Auffälligkeit. Sie verwendet aber einen Trick, der erst bei Spannern und Eulen wieder vorkommt: In Ruhestellung liegt sie U-förmig auf einem Blatt ihrer heimatlichen Himbeerstaude und ahmt dank ihrer vielen Buckel und der unregelmäßigen Hell-Dunkel-Zeichnung täuschend einen Vogelklecks nach. Die Achateule, *Phlogophora meticulosa,* sieht erst recht nicht tarnfarbig aus, solange sie sich nicht, Kopf und Hinterleib hochgekrümmt, in den genauso zimtfarbenen Schatten eines welken Himbeerblattes schmiegt. Andere Wollrükkenspinner leben in zusammengezogenem Baumlaub, und man muß sie mühsam suchen, wo der Falter im Frühjahr die Anwesenheit der Art verraten hat.

In diese Familic gehört nach dem gegenwärtigen Stand der Systematik auch der Blaukopf, *Diloba caeruleocephala,* mit seiner an Schlehen häufigen, farbenfreudigen Raupe. Auf hellblauem Grund hat sie schwarze Wärzchen und gelbe, etwas verwaschene Streifen. Und, natürlich, einen dicken blauen Kopf. Sie ver-

puppt sich in einem fest verleimten Kokon über der Erde, die anderen Wollrückenspinner in zusammengesponnenen Blättern, in denen sie auch überwintern.

Steckbrief: 4–5 cm, 16füßig, höckerig oder glatt, großer Kopf („metallic"), sitzen in Ruhe gekrümmt auf einem Blatt, *Diloba caeruleocephala* ausgestreckt auf Zweigen. 5/6 (7) – 8/9

Notodontidae – Zahnspinner

Die Zahnspinner sind noch vielgestaltiger als die vorige Familie, die einmal zu ihnen gerechnet wurde. Für die zwei Gattungen der Gabelschwänze ist der Große Gabelschwanz *(Cerura vinula)* ein noch nicht ganz selten gewordenes Beispiel. Allein an seinen sieben bis acht Zentimetern Länge ist er von der anderen häufigeren Art, dem Kleinen Gabelschwanz, *Cerura bifida,* zu unterscheiden. Die Nachschieber sind bei allen Gabelschwanzarten zu langen Hinterleibsspitzen ausgezogen, die oft hochgebogen getragen werden und aus denen die Raupe willkürlich zwei lange rote Fäden züngeln lassen kann. Der Zweck ist umstritten, aber da sie gleichzeitig aus einer Drüse vorn unter dem Kopf etwa 30%ige Ameisensäure etliche Zentimeter weit verspritzen kann, ließe sich ein Vogel, durch die beweglichen roten „Würmer" aufmerksam gemacht, durch sie ganz gut in die Schußlinie bringen.
Der Buchenspinner, *Stauropus fagi,* scheint durch seine Tarnzeichnung in Einzelteile aufgelöst. Das ganze Tier ist zweigfarbig braun, das zweite und dritte Brustbeinpaar ist lang wie bei einem Schmetterling, sechs Höckerpaare verformen den Rücken, und die Nachschieber sind zu dicken, keulenhaften Gebilden geworden, die in dünnen Fortsätzen enden und über den Rücken erhoben getragen werden. Das Ganze ist gar nicht zu verwechseln, aber frühestens auf den zweiten Blick als Raupe zu erkennen.

Bild 55. Buchenspinner-Raupen *(Stauropus fagi)* in Schreckstellung. Aufnahme W. Zepf

Bild 56. Raupe des Zickzackspinners *(Notodonta ziczac).* Aufnahme H. Pfletschinger

An der Gattung der Zickzackspinner, *Notodonta,* ist vielleicht die stammesgeschichtliche Entwicklung so auffälliger Gestalten wie *Stauropus* oder *Cerura* abzulesen. Innerhalb der Familie nimmt die Zahl der Höcker ebenso ab wie die ungewöhnliche Körperhaltung. *Notodonta dromedarius,* der Erlenzahnspinner, hat nur noch vier Höcker; *Notodonta ziczac,* der Zickzackspinner, noch weniger. Wenn man sich diese beiden einmal mit erhobenem und

einmal mit normal aufgesetztem Analsegment vorstellt, wird die Entwicklung zum unglaubwürdigen Buchenspinner einsehbar.
Der Kamelspinner, *Lophopteryx camelina* (s. Bild 2), hat gar keine Höcker mehr, der Name gilt dem Falter. Nur auf dem elften Segment erinnern zwei rote Spitzchen an die Abenteuergestalten der Gabelschwänze. Der Ahornzahnspinner, *Lophopteryx cuculla,* hat diese Spitzchen auch und die Andeutung eines Nakkenschildes dazu, der Pappelzahnspinner, *Pheosia tremula,* hat nur noch eine rötliche kleine Pyramide auf dem elften Segment, und die Raupe des Schnauzenspinners, *Pterostoma palpina,* oder des Eichenzahnspinners, *Drymonia ruficornis,* zeigen die verbreitete Tracht der schlichten Zahnspinnerarten, gelbe Streifen auf Grün.
Schließlich gehören dieser verwirrenden Familie auch noch behaarte Raupen an, die der Rauhfußspinner, *Pygaera.* Auf den ersten Blick ordnet man sie als etwas merkwürdige Schadspinner ein, weil sie bunt und borstig sind, mit Abzeichen auf dem vierten und elften Segment. Aber die gleichmäßige und eher kurze Behaarung, der dicke Kopf und die seitlichen Warzenreihen passen nicht ins Bild. Umgekehrt erkennt man die Raupe des Mondvogels, *Phalera bucephala,* auf den ersten Blick am sichersten. Als einzige Raupe überhaupt ist sie, wenn man nicht allzu genau hinschaut, unzweifelhaft schwarz und gelb kariert.

Bild 57. Raupe vom Mondvogel *(Phalera bucephala).* Aufnahme Th. Ruckstuhl

Steckbrief: 4–8 cm, 14- oder 16füßig, glatt oder dünn behaart, Nachschieber oft stark verformt, andernfalls meist grün mit Streifen. An Laubholz, selten Nadelholz. (5) 6/8 – 8 (9)/10

3. Dicht behaarte Raupen mit gleichmäßigen Leibesringen

Arctiidae – Bärenspinner

Den Bärenspinnern gebührt der erste Platz unter den Haare tragenden Raupen, einfach weil sie so viele davon haben. Eine Bärenraupe kann gar nicht anders heißen, und jeder erkennt sie. Die langen, glänzenden Haare stehen auf Warzen, aber so dicht, daß man es meist erst in der Bewegung sieht, wenn die Ringeinschnitte unter dem scheinbar einheitlichen Fell sich wie Gelenke biegen. Bärenraupen sind verblüffend beweglich. Das dicke Haarkleid läßt ohnehin vermuten, daß sie viel unterwegs sind und ihr eigenes Kleinklima mitnehmen müssen. Sie leben, zumindest tagsüber, mehr unter als an den vielerlei Kräutern, die auf ihrem Speisezettel stehen und unter denen sie abwechseln müssen, um gesund zu bleiben. Da hilft es ihnen ebenso bei der Futtersuche, gut zu Fuß zu sein, wie beim herbstlichen Umherwandern nach einem geeigneten Winterversteck. Auch bei Gefahr suchen sie ihr Heil meist in eiliger Flucht. Die winzigen Jungraupen lassen sich bei Störungen fallen

Bild 58. Raupe vom Braunen Bär *(Arctia caja)*.
Aufnahme H. Pfletschinger

Bild 59. Raupe vom Jakobskrautbär *(Thyria jacobaeae).* Aufnahme H. Pfletschinger

und sind am Boden nicht mehr zu entdecken. Die Pelze in den Familienfarben schwarz, braun, rot und mattgelb sehen bei jeder Bewegung ihrer lebhaften Besitzer anders aus und lassen sich in Wort und Bild schlecht festhalten. Auch Futterpflanzen geben bei der Länge des Bärenraupen-Speisezettels kaum Hinweise. Die persönliche Bekanntschaft aber ist bei vielen Arten empfehlenswert und möglich; sie hat nur eine Schwierigkeit, sie findet nämlich am besten kurz nach Sonnenaufgang statt, und das im Frühsommer. Das Jakobsbärchen, *Thyria jacobaeae,* ist, gemessen an der Verwandtschaft, mit seinen paar Haaren geradezu nackt. Die *Jacobaeae*-Raupe lebt ständig an Greiskräutern, bevorzugt am Jakobskraut, *Senecio jacobaea.* Wenn sie sich dort gestört zusammenrollt, schließen sich die schwarzgelben Ringe ihres Körpers wie zu einer der vielen gelben Jakobskraut-Zungenblüten, mit schwarzen Schatten zwischen den Blütenblättern. Bärenraupen verpuppen sich an der Erde in weichen Gespinsten, meist in Verstecken. Sie überwintern als halberwachsene Raupen.

Steckbrief: 4–7 cm, 16füßig, meist dicht und glänzend behaart mit hellen Warzen an den Seiten, Kopf glatt und glänzend, Farben eher dunkel. 7/8/9, evtl. W-5

Lasiocampidae – Wollraupenspinner

Die Wollraupenspinner sind nicht weniger dicht behaart als die Bären, aber kürzer und anliegender. Ihr zweiter deutscher Name, „Glucken“, betrifft die wie aufgeplustert dasitzenden Falter. Über dem körperdeckenden Pelz der Raupen stehen lange, zarte Einzelhaare, die seitlich abstehenden Haarbüschel sind eine Familienspezialität. Eine zweite, sehr bemerkenswerte Familieneigenschaft ist das Fehlen jeglicher besonderer Merkmale auf dem dafür sonst sehr beliebten vierten Segment. Das hilft erkennen, daß manche wollige Raupe noch lange keine Wollraupe ist.

Bild 60. Raupe der Kupferglucke *(Gastropacha quercifolia).* Aufnahme H. Pfletschinger

Baumbewohnende Wollraupen tragen am zweiten und dritten Ring farbige Wülste. Bei der Kupferglucke, *Gastropacha quercifolia*, sind sie pfauenblau, bei der Eichenglucke, *Epicnaptera tremulifolia*, goldrot, bei der Pappelglucke, *Gastropacha populifolia*, ist der erste blau und der zweite rotgolden, und bei der Pflaumenglucke, *Odonestis pruni*, gibt es nur einen roten. Alle tragen eine Erhöhung auf

Bild 61. Kiefernspinner-Raupe *(Dendrolimus pini).* Aufnahme H. Pfletschinger

dem elften Ring und wirken, zumal bei ihrer beachtlichen Größe, durchaus auffällig. Am Baum aber sehen sie wie ein eckiges Hölzchen mit der Abrißnarbe eines Blattes aus.

Der Kiefernspinner, *Dendrolimus pini*, gegen den man früher die Waldbäume mit Teerringen versah, lebt auch heute hin und wieder noch in Kiefernkronen. Im Herbst wandert er stammabwärts, um am Boden zu überwintern, im Frühling steigt er wieder zum Futter hinauf, und beidemal kann man das Glück haben, die silbergraue, rötlich behaarte Raupe auf der silbrigroten Kiefernrinde zu entdecken.

Wollraupen an niedrigen Sträuchern und Kräutern haben samtige, schwarzblaue Einschnitte zwischen den Ringen. Die Ringe selber sind beim Brombeerspinner, *Macrothylacia rubi*, goldbraun, beim Kleespinner, *Pachygastria trifolii*, hellgelb und beim Eichenspinner, *Lasiocampa quercus*, dessen Begeisterung für Eichen übrigens sehr begrenzt ist, matt rostfarben. Wenn eine solche Raupe sich zusammengerollt ins Gras fallen läßt, zerteilen die nun noch gedehnten schwarzen Einschnitte den Körper in lauter belanglose Einzelstücke.

Der Ringelspinner, *Malacosoma neustria*, und der Wolfsmilchspinner, *Malacosoma castrense*, erreichen die gleiche Wirkung durch viele schmale bunte Längsstreifen, die sich schon auf kurze Entfernung zu völliger Unschein-

Bild 62. Brombeerspinner-Raupe, Jungtier *(Macrothylacia rubi).* Aufnahme H. Pfletschinger

Bild 63. Raupe vom Ringelspinner *(Malacosoma neustria).* Aufnahme H. Pfletschinger

barkeit vermischen. Vor allem der Wolfsmilchspinner, der seinem Namen zum Trotz an vielen Kräutern des Trockenrasens frißt, verschwindet augenblicklich im bunten Gewirr am Boden. Den Ringelspinner gleicht sein reichliches Taubenblau den flechten- und pilzbesetzten Schlehenzweigen an. Die Jungraupen beider Arten leben in handgroßen Tages- und Häutungsnestern und ziehen von dort auf ihrer gemeinsamen Seidenfadenspur zum Futter. Der dritte aus der Verwandtschaft, der blauschwarze, lang-silberhaarige Wollafter, *Eriogaster lanestris*, mit der Doppelreihe roter Plüschtupfer auf dem Rücken, verrät sich leicht durch seine dichten weißen Gewebe an Rosengehölzen, in denen er auch als erwachsene Raupe noch wohnt; nur ist ihm die Auffälligkeit schon zum Verhängnis und aus dem früher berüchtigten Obstschädling dadurch eine lokale Seltenheit geworden.

An großen Gräsern und Riedgräsern der Feuchtgebiete lebt die Grasglucke, *Philudoria potatoria,* und das ohne das übliche Grasfresser-Muster. Kein grüner Halm würde ihr Gewicht aushalten, da sieht sie als faserige braune Riedstengelhülle schon glaubwürdiger aus.

Wenn auch die Tagesaktivität der Wollraupenspinner witterungsabhängig ist, ihre sicherste Bekanntschaft macht man mit Hilfe der Taschenlampe. Durch den Winter kommen die kleinen Arten, oft Krautschicht-Bewohner, im Ei, die größeren, oft Baumbewohner, als Raupe oder auch Puppe. Eine Wollraupenspinner-Puppe bekommt meist noch eine rundovale, fest verleimte Hülle, die an ein Reptilienei erinnert.

Steckbrief: 4–8 cm, 16füßig, langgestreckt, pelzig dicht behaart, farbig und kontrastreich, viertes Segment unauffällig, seitlich abwärts gerichtete Haarbüschel. (4) 5/7; 8/9 – W – 5/6

Thaumetopoidae – Prozessionsspinner

Die Prozessionsspinner haben die unübersehbare Eigenschaft, nicht allein daherzukommen. Zwei Arten leben bei uns, der Eichen- und der Kiefernprozessionsspinner, *Thaumetopoea processionea* und *Thaumetopoea pinivora.*

Beide sind an Verhalten und Lebensweise leichter zu erkennen als an den kleinen bunten Raupen. Es ist ohnehin nicht ratsam, denen allzu nahe zu kommen, denn beide Arten tragen auf dem Rücken Felder mit winzigen, brüchigen, mit dem Wind davonfliegenden Haaren, die bei Mensch und Tier schmerzhafte Entzündungen an Haut und Augen verursachen können.

Eichenprozessionsspinner lassen ihre Nester durch unermüdlich gezogene Spinnfäden oben in alten Eichen in Stammnähe entstehen, etwa ab Mai. In ihnen verbringen sie den Tag und die Häutungszeiten, nachts ziehen sie gemeinsam in gestaffelten, immer breiteren Reihen zur Futterstelle und in der Frühe zurück ins Nest. Dort verpuppen sie sich auch, schlüpfen im Hochsommer und überwintern im Ei.

Kiefernprozessionsspinner-Raupen halten ohne gemeinsames Gespinst zusammen, häuten sich auch gemeinsam in Astgabeln und ziehen im Gänsemarsch ins Futter. Zur Verpuppung vergraben sie sich am Boden der Nahrungsbäume und überwintern auch dort.

Steckbrief: 3–4 cm, 16füßig, kurz und borstig, Eichenprozessionsspinner mit rotbraunen, Kiefernprozessionsspinner mit schwarzen,

Bild 64. Raupe vom Kiefernprozessionsspinner *(Thaumetopoea pinivora).* Aufnahme H. Pfletschinger

gelbrot umrandeten Rückenfeldern von der zweiten Häutung an. 5/6 (7)

4. Dicht behaarte Raupen mit deutlichen Kennzeichen auf einzelnen Leibesringen

Lymantriidae – Trägspinner

Zu den Trägspinnern gehören zwei sehr verschiedene Raupentypen. Die einen wirken unordentlich-borstig, weil ihre Haare sternförmig von Warzen abstehen, die anderen sehen mit den in Pinsel und Bürsten zusammengefaßten Haaren so ordentlich wie frischgetrimmte Modehunde aus.
Zu den Sternhaarigen gehört die Gattung *Lymantria*, nach der die Familie ihren zoologischen, aber wohl auch ihren zweiten deutschen Namen hat: Schadspinner. *Lymantria dispar*, der Schwammspinner, und *Lymantria monacha*, die Nonne, haben einen sehr schlechten Ruf als Garten- bzw. als Forstschädling. Beide haben als Eiraupen lange und dichte Haare, die ihren Luftwiderstand genügend erhöhen, um sie mit leichtem Wind weit zu verdriften oder am Seidenfaden fortschwingen zu lassen. Der Schwammspinner, genannt nach seinem Zweitausend-Eier-Gelege, das unter den dekkenden Haaren wie ein Pilz, ein „Schwamm", auf der Obstbaumrinde sitzt, ist kenntlich an seinen sauber farbsortierten Warzen, blau auf den ersten fünf und rot auf den restlichen Ringen; die kleinere Nonne, meist an Nadelholz, erkennt man am grauweißen Mittelfleck, der sie aussehen läßt wie ein Stückchen Fichtenzweig, mit einer hellen Flechte bewachsen. Die Seitenwarzen wirken wie Abbruchstellen der Nadeln – ein nahezu unsichtbares Wesen. Für den Erfolg dreier anderer Schadspinner ist Unsichtbarkeit keine gute Erklärung. Der Helle Goldafter oder Schwan, *Porthesia similis*, und

Bild 65. Raupe vom Schwammspinner *(Lymantria dispar)*. Aufnahme Th. Ruckstuhl

der ganz ähnliche Dunkle Goldafter, *Euproctis chrysorrhoea*, prangen mit roten und weißen Streifen auf schwarzem Grund und der Pappelspinner, *Stilpnotia salicis*, auf ebenfalls schwarzem Grund mit einer fast körperlangen Kette breiter, weißer Rückenfelder, von seitlichen roten Knopfwarzen begleitet.

Nicht zu verkennen, aber leicht untereinander zu verwechseln sind die „Bürstenbinder", ein Name, der eigentlich nur *Orgyia antiqua* zukommt. Er stammt von den Borstenbüscheln, die diese Raupen auf dem vierten bis siebten, manchmal auch noch auf dem achten Ring tragen. Dazu haben sie Haarpinsel, weich und an den Haarenden aufgefiedert, beidseits auf dem ersten und mitten auf dem elften Ring.

Bei *Orgyia antiqua* haben die weiblichen Raupen dunklere Rückenborsten als die männlichen, also könnte man sie mit dem Eckfleck, *Orgyia gonostigma*, verwechseln. Der aber hat einen roten Halsring unter dem schwarzen Kopf. Zum schwefelgelben Buchenstreckfuß, *Dasychira pudibunda*, und dem Tannenstreckfuß, *Dasychira abietis*, gehört als dritter der Ginsterstreckfuß, *Dasychira fascelina*, dunkel, mit schwarzen Haarpinseln und schwarzweißen Rückenbürsten.

Bürstenbinder, Pappelspinner, Schwammspinner und Nonne überwintern im Ei, die anderen als Raupen. Die Verpuppung erfolgt je

Bild 66. Raupe der Nonne *(Lymantria monacha)*. Aufnahme H. Pfletschinger

Bild 67. Raupe vom Schwan oder Hellen Goldafter *(Porthesia similis).* Aufnahme H. Pfletschinger

Bild 68. Raupe vom „Bürstenbinder" *(Orgyia antiqua).* Aufnahme C. Diffené

Bild 69 (links oben). Raupe vom Buchenstreckfuß oder Rotschwanz *(Dasychira pudibunda).* Aufnahme H. Pfletschinger

Bild 70 (links unten). Raupe vom Tannenstreckfuß *(Dasychira abietis).* Aufnahme H. Pfletschinger

Bild 71 (oben). Raupe der Pfeileule *(Apatele psi).* Aufnahme H. Pfletschinger

nach Art am Futterbaum oder im Gespinst am Boden.

Steckbrief: 3–5,5 (nur *Lymantria dispar*) cm, 16füßig, mit bunten, behaarten Knopfwarzen oder mit vier bis fünf Haarbüscheln auf Ring 4–8 und langen Haarpinseln. An Gehölzen, oft sich ganz flach an die Unterlage schmiegend. (4) 5/6 (7); 9 – W – 5

Acronyctinae – Haareulen

In der großen Familie der Eulenfalter, Noctuidae (mit 25 000 bekannten Arten auf der Erde, über 500 davon in Mitteleuropa), bringt die Untergruppe der Haareulen, Acronyctinae, die Systematiker in Verlegenheit. Sie ist nach mancher Irrfahrt mitten zwischen anderen Eulen-Unterfamilien gelandet und soll nur hier vorweg genannt werden, weil ihre Raupen behaart sind.

Haar- oder Pfeileulenraupen bilden keine typischen Merkmalc aus, die sie als Eulen kenntlich machen. Dagegen zeigen sie Merkmale anderer Familien. Man erkennt sie am besten an den Fehlern, die ihre „Nachahmung" aufweist.

Die meisten Vorbilder scheinen sie bei den

Trägspinnern, den Lymantriidae, zu finden. Haseleule, Pfeileule und Ampfereule sehen wie die Bürstenbinder aus, und bei *Panthea coenobita,* der sehr ungeistlich bunten „Klosterfrau", stehen hinter jedem blaugrauen Brustring-Einschnitt Haarschöpfe wie Pelzkragen und eine ganze Reihe Schöpfe auf den hinteren Segmenten, die längsten auf 11 und 12. Nur sind eben alle diese Haarbüschel nach Sitz und Zahl keine Bürstenbinder-Bürsten und verraten sich allein dadurch ihre Besitzer als Haareulen.
Die Ahorneule, *Apatele aceris*, könnte fast eine baumbewohnende schwefelgelbe Bärenraupe sein mit ihren langen und scheinbar dichten Haaren. Wenn sie sich aber zusam-

Bild 72. Raupe der Ahorneule *(Apatele aceris).* Aufnahme Th. Ruckstuhl

Bild 73. Raupe des „Pudels“ *(Apatele leporina).* Aufnahme Th. Ruckstuhl

menrollt, und das tut sie bei der leisesten Beunruhigung, dann teilt sich der Pelz in viele gelbe Schöpfe, und darunter kommen auf ihrem Rücken prachtvolle samtweiße, schwarz umrandete Rhomben zum Vorschein. Bei *Apatele leporina*, zu deutsch „Pudel“, die ebenfalls an verschiedenen Laubhölzern lebt, sind die langen silbrigen Haare (zwischen denen auf Segment 4, 6, 8 und 11 oft schwarze Büschel stehen) viel zu weich, um ernsthaft den „Nerzpelz“ der Bären vorzutäuschen. Die Gelbleibeule, *Diphthera alpium,* ließe sich mit ihrer Buntheit gleich bei mehreren Familien

Bild 74. Raupe der Gelbleib-Eule *(Diphthera alpium).* Aufnahme H. Pfletschinger

Bild 75. Raupe der Erleneule *(Apatele alni).* Aufnahme H. Pfletschinger

unterbringen, so daß man die weißen Flecke auf dem 2., 4. und 7. Segment am besten auswendig lernt.
Schließlich ahmt *Apatele megacephala*, der Großkopf, so gut wie die Roseneule einen Klecks Vogelkot nach, wenn sie gekrümmt, mit Höckern und hellen Flecken, auf einem Blatt liegt. Nur ist sie eben behaart, und ein Wollrückenspinner wie die Roseneule hat, solange sie Raupe ist, keine Haare. Die Rechnung „Vogelkot nackt = *Thyatira batis* = Roseneule = Wollrückenspinner; und Vogelkot haarig = *Apatele megacephala* = Großkopf = Haareule" geht leider nicht auf, weil sich noch vielerlei andere Raupen auf diese Art der Tarnung verstehen.
Zwei Haareulen haben keine Doppelgänger, die Erleneule, *Apatele alni*, mit ihren unglaublichen Keulenhaaren, und die Wolfsmilcheule, *Apatele euphorbiae*, die allen Ernstes schwarzweißrot längsgestreift ist und eine Art Kokarde im Nacken trägt.

Steckbrief: 3–6 cm, 16füßig, behaart, manchmal mit Haarpinseln, an Bürstenbinder erinnernd. ± HS/H

Noctuidae – Eulen

Die große Menge der Eulenfalter besteht für den Laien aus kaum unterscheidbaren „Nachtfaltern" und für den Systematiker aus Problemen. Ihre Raupen sind, der Vielfalt ihrer Lebensräume entsprechend, in Form und Farbe der Umgebung angepaßt und lassen kaum ty-

Bild 76 (oben). Raupe der Hausmutter *(Noctua pronuba)*. Aufnahme H. Pfletschinger

Bild 77 (unten). Raupe der Johanniskraut-Eule *(Actinotia hyperici)*. Aufnahme H. Pfletschinger

Bild 78 (oben). Raupe der Graseule *(Polia splendens).* Aufnahme H. Pfletschinger

Bild 79 (unten). Raupe der Erbseneule *(Polia pisi).* Aufnahme H. Pfletschinger

pische Familienmerkmale erkennen. Mit Ausnahme der schon vorgestellten Haareulen sind sie, zumindest für das bloße Auge, nackt. Nakkenschild und Afterklappe sind in der Familie deutlicher als bei anderen. Fast ausnahmslos ruhen Eulenraupen am Tag im Versteck und gehen erst bei Nacht ans Futter. Wer sich viel mit ihnen befaßt, bekommt einen Blick für die Gattungszugehörigkeit. Für den Anfang aber läßt sich wenig Tröstlicheres sagen als: Wenn von den Kennzeichen der bisher beschriebenen Arten keines zu finden ist, liegt der Verdacht nahe, daß es sich um eine Eulenraupe handelt.

Hier können nur große Gruppen an Einzelbeispielen vorgestellt werden. Um die Benutzung spezieller Bestimmungsbücher nicht zu erschweren, soll das nicht nach der Ähnlichkeit, sondern nach dem an den Faltern orientierten System geschehen.

Die Hausmutter, *Noctua pronuba*, zeigt den artenreichen Erdeulentyp, bekannt aus jedem Gartenboden, meist düster, aber außerordentlich fein und vielfältig in der Zeichnung. Die artenreichen Erdeulen fressen nachts an bodennahen Pflanzen, und wenn es kühl, zur Winterruhe aber noch nicht kalt genug ist, nehmen sie sich die Verpflegung auch mit in ihre Erdröhre.

Bild 80 (oben). Raupe vom Wollkrautmönch *(Cucullia verbasci).* Aufnahme Th. Ruckstuhl

Bild 81 (unten). Aufnahme vom Braunwurzmönch *(Cucullia scrophulariae).* Aufnahme H. Pfletschinger

Graseulen wie die Johanniskrauteule, *Actinotia hyperici*, im Umkreis der Gattungen *Hadena* und *Mamestra,* sind schlanker und bunter, mehr den vielfarbigen Kräuterrasen als dem Bodendunkel angepaßt. Die wirklichen Grasfresser unter ihnen haben die bewährte Spindelform mit Streifenzeichnung, aber die bunten Gemüseeulen gehören auch dazu, die laubholzbewohnenden Frühlingseulen, von denen einige ihre frühe Jugend in Weidenkätzchen verbringen, und die Kapseleulen, die artenreich in den Fruchtkapseln von Nelkengewächsen wohnen.

Mönchseulen, die ihren Namen bekamen, weil die Haarschöpfe auf dem Rücken der Falter Mönchskapuzen (cuculla) gleichen sollen, leben in zwei Artengruppen an Braunwurzverwandten und an Korbblütlern. Tupfen, so rund wie die Knospen im Blütenstand von Königskerzen, Braunwurz oder Löwenmäulchen, haben der Wollkrautmönch, *Cucullia verbasci*, und der Braunwurzmönch, *Cucullia scrophulariae*, und beide sitzen gern in den Blütenständen ihrer Futterpflanzen. Der Salatmönch, *Cucullia lactucae,* ist eckig gezeichnet wie die Schatten zwischen einzelnen Korbblütler-Blütchen, und der Distelmönch, *Cucullia lucifuga,* verschwindet zwischen roten Blütenblättern und tiefen Schatten der Distelblätter an den prallen Sonnenhängen, die er liebt.

Für *Brachionycha sphinx* hat schon wieder das arme Fabeltier herhalten müssen, weil die Raupe in Ruhestellung Kopf und Vorderleib aufrichtet. Dabei erinnert sie aber nicht einmal an eine Schwärmerraupe in Sphinxstellung, denn sie führt die Bewegung weiter bis fast auf den Rücken. Davon hat sie im Volksmund den viel passenderen Namen Himmelsgucker bekommen, nachdem sie den Leuten wohl bei gelegentlichen Besuchen auf ihren Obstbäumen aufgefallen war.

Unter den Holzeulenraupen ist die vom Gemeinen Moderholz (*Xylena exsoleta*) eine der buntesten, aber im Pflanzengewirr sieht sie mit ihren Punkten und Ringen wie eine dicke Ähre voll Knospen oder Früchtchen aus. Sie frißt fast alles, was bei uns wächst, und erreicht ihre stattlichen 9 cm Leibeslänge erstaunlich rasch. Den Namen verdient sie sich erst als Falter, weil der ein verrottetes Holzstückchen mitsamt der Bruchstelle täuschend nachahmt. Zur näheren Verwandtschaft zählt die weit weniger harmlose *Eupsilia transversa* (s. Bild 95), die den deutschen Namen Mordraupe führt. Raupensammler haben sie des gewohnheitsmäßigen Mordes an ihren Mitgefangenen überführt.

Die Pyramideneule, *Amphipyra pyramidea*, aus der Glanzeulengruppe verlockt zum Verwechseln, weil sie schon beinahe ein Horn auf dem elften Segment trägt. Aber bei ihr, und nur bei ihr, läuft die weiße Seitenlinie bis in die Spitze der Pyramide hinauf. Ein Sphingidenhorn dagegen wirkt, seiner Herkunft aus Borsten wegen, immer wie angesetzt.

Innerhalb ihrer Eulenverwandten ähneln der Pyramideneule manche Raupen von Metalleulen der Gattung *Plusia*, die Silber- oder Goldflecke auf den Flügeln haben. Ihre Raupen sind deutlich nach hinten verdickt, und das steil abfallende Analsegment täuscht eine Spitze auf dem elften Ring vor. Aber den Metalleulen fehlen die beiden ersten Bauchfußpaare, und das sieht man ohne Beinezählen, denn sie kriechen mehr nach Spanner- als nach Eulenweise. Den nach den Faltern genannten Ordensbändern, den Catocalen, fehlen die beiden ersten Bauchfußpaare ebenfalls. Lang, schlank und rindenfarbig klettern sie in Gehölzen, halten

Bild 82. Raupe vom Salatmönch *(Cucullia lactucae).* Aufnahme C. Diffené

Bild 83. Raupe vom Distelmönch *(Cucullia lucifuga).* Aufnahme H. Pfletschinger

Bild 84. Raupe der Frühlingseule *(Brachionycha sphinx).* Aufnahme H. Pfletschinger

Bild 85. Raupe des Gemeinen Moderholzes *(Xylena exsoleta).* Aufnahme H. Pfletschinger

Bild 86. Raupe der Pyramideneule *(Amphipyra pyramidea).* Aufnahme C. Diffené

Bild 87. Raupe des Karminfalters *(Catocala conversa).* Aufnahme W. Zepf

Bild 88. Raupe der Orangefarbenen Zackeneule *(Scoliopteryx libatrix).* Aufnahme H. Pfletschinger

Bild 89. Raupe der Palpen- oder Schnauzeneule *(Hypena proboscidalis).* Aufnahme H. Pfletschinger

Bild 90. Raupe des Herbstlaubspanners *(Ennomos autumnaria).* Aufnahme C. Diffené

sich wie Spanner mit den starken, vergrößerten Nachschiebern und ruhen tagsüber flachgedrückt und kaum sichtbar in Rindenspalten. Sie wirken wie ein Gegenstück zu den baumbewohnenden Lasiocampiden. Sogar deren seitliche Haarbüschel sind in Gestalt behaarter Hautfransen vorhanden.

Bei der Gruppe Eulen im engeren Sinn, den Noctuinae, stellt sich die Formenvielfalt noch einmal drastisch dar. Jede Art hat ihre Formen, Farben und Maße, und die Beispiele von *Scoliopteryx libatrix*, der Orangefarbenen Zackeneule, volkstümlich Krebssuppe genannt, und von *Hypena proboscidalis*, der Palpeneule, können nur noch zeigen, in wie verschiedener Weise man anspruchslos grün und doch eine typische Eulenraupe sein kann.

Geometridae – Spanner

Die annähernd vierhundert deutschen Spannerarten verteilen sich auf etwa einhundertsiebzig Gattungen von unterschiedlichster Gestalt. Spanner sind Anpassungskünstler und durchaus fähig, eine Raupe scheinbar verschwinden zu lassen. Wer also eine Spannerraupe kennt, kann sich deshalb noch nicht die

Bild 91. Typischer Spannerraupengang. Aufnahme Th. Ruckstuhl

verwandte Art auf der Nachbarpflanze vorstellen, er wird sie sich anschauen müssen. In einem sind alle Spanner gleich:

Sie besitzen nur das letzte Paar Bauchfüße und die Nachschieber. Die sitzen bei ihnen seitlich, so daß sie sich gut damit festhalten können. Die drei Brustringe und die letzten Hinterleibsringe sind schmaler als die mittleren Segmente, so daß einerseits die drei Brustbeinpaare, andererseits die beiden letzten Beinpaare untereinander eng zusammenrücken, der Leib dazwischen aber besonders lang und beweglich ist. Der Spannergang ist bekannt:

Die Raupe hält sich mit den hinteren Füßen fest, streckt den Körper, bis die Brustfüße Halt gefunden haben, und holt die Hinterfüße mit hochgekrümmtem Körper nach. Das ist eine raumgreifende und beim Klettern sehr erfolgreiche Gangart, mit der die Spannerraupe erstaunlich schnell aus dem Blickfeld verschwinden kann.

In Ruhestellung, aber auch bei der in dieser Familie üblichen Schreckstarre, halten die Raupen sich mit den hinteren Fußpaaren fest

Bild 92. Spannerraupen in Schreckstarre. Aufnahme Th. Ruckstuhl

und strecken den Körper, gekrümmt oder völlig gerade, von ihrem Sitz weg, manchmal zusätzlich mit einem Spinnfaden gesichert. Die Haltung kostet sie so wenig Anstrengung wie den schlafenden Vogel seine um den Zweig geschlossenen Zehen. Je nach Form und Farbe sieht die Raupe wie ein Ästchen, ein abstehendes grünes Stielchen, eine Samenschote oder etwas ähnlich Ungenießbares aus. Spanner sind oft auf ganz bestimmte Pflanzen und sogar Pflanzenteile, vor allem auf Blüten, spezialisiert. Sie leben aber auch in Fichtenzapfen, in Gallen oder Samenkapseln, wo man einen Kletterkünstler kaum vermutet. Für eine Spannerraupe sind zwei Zentimeter ein durchaus achtbares Format, was das Finden, vor allem aber das Bestimmen der weichhäutigen, also sonnenscheuen Tiere zusätzlich erschwert. Wenn man geduldig und genau hinschaut, sind Spannerraupen der vielfältigsten Arten häufig zu finden, und bestimmt sind sie leichter zu finden als jemand, der sie alle zuverlässig kennt.

Raupen und Pflanzen

Wirtspflanzen

Pflanzen sind, neben all ihren anderen Aufgaben im Kreislauf der Natur, immer auch irgend jemandes Futterpflanzen. Um trotzdem zu überleben, entwickelten sie die verschiedensten Abwehrmittel gegen das Gefressenwerden. Sie wachsen mit holzigen, harten Stämmen aus der Gefahrenzone, hüllen sich in dichte Haarpelze, spreizen Stacheln oder Brennhaare, oder sie legen sich schlechtschmeckende Inhaltsstoffe zu. Die Antwort der Pflanzenfresser darauf ist die Ausbildung von Spezialisten. Je besser einer lernt, eine ganz bestimmte Pflanzenabwehr zu überwinden, desto konkurrenzloser kann er an dieser einen Pflanzenart fressen. Eine Raupe muß dann freilich in Kauf nehmen, daß sie ihre Spezialdiät nicht überall vorfindet, aber dafür gibt es eben den Schmetterling, der Futterpflanzen weiträumig suchen kann.

Für die Raupe ist die Futterpflanze weit mehr als Nahrung: Sie ist Wohnort und Schutz, bestimmt Licht und Schatten, Temperatur und Feuchtigkeit, die Art des Verstecks und den Abstand vom Boden. Und weil keine Pflanze grundlos irgendwo herumsteht, bestimmt sie auch Klima und Bodenbeschaffenheit für die Raupe mit. Wildpflanzen ohne besondere Geschmacks- oder Duftstoffe gibt es kaum, erst manchen unserer Kulturpflanzen haben wir sie weggezüchtet, und die fressen jetzt die Schnecken, deren Hauptfutter verfaulte Pflanzenteile mit wenig Eigengeschmack sind. Hätten die Raupen im Laufe ihrer Entwicklung versucht, alle ihnen bekömmlichen Pflanzenarten herauszufinden, so wären sie wohl nach und nach alle auf der Strecke geblieben, denn irgendein Giftfutter wäre jeder einmal untergekommen. Statt dessen haben jene überlebt, die einen bestimmten Geschmack als bekömmlich befanden und ihre Futterliste nur erweiterten, wenn sie den bekannten Stoff wiedertrafen. Das geht so weit, daß die Forschung auf Pflanzenverwandtschaften aufmerksam wurde, nur weil eine Raupe an zwei scheinbar nicht verwandten Arten fraß.

Gerbstoff schützt vor Raupen nicht

Viele Pflanzenarten schützen ihr Laub nur mit fäulniswidrigem Gerbstoff, weil es auf Stämmen oder zwischen Dornen ohnehin in einiger Sicherheit ist. Fliegenden Insekten aber ist es dort auch erreichbar, und die Zahl der an Waldbäumen und Dornsträuchern fressenden Raupen ist entsprechend groß. Sehr selten nehmen sie nur wenige Gerbstoff-Laubarten, so daß man in ihrer Futterliste eher die Geschmacksrichtung angeben wird als einzelne Pflanzenarten. Viele sind schlechthin Gerbstoff-Fresser, andere halten sich an Verwandtschaften, wie etwa Eiche/Buche oder Birke/Hainbuche/Hasel/Erle, an Linden oder an Ahorn. Auch das Heidekraut wird offenbar als Gerbstoffutter gewertet. Die Gruppe Pappel/Espe/Weide mit ihrem zusätzlichen Gehalt an Vorstufen der Salicylsäure wird von manchen einfach mitgefressen, schreckt andere ab und hat schließlich ihre besonderen Liebhaber, wie den Großen Schillerfalter, oder den (kranzfüßigen) Weidenbohrer.

Herb, aber in Grenzen

Sanfteres Gerbstoffutter sind die Rosengewächse, deren Beliebtheit bei den Raupen offenbar wächst mit dem Grad des Dornenschutzes, den sie bieten können. Die Schlehe hat die meisten Stammgäste, ihr folgen Rose, Weißdorn und unsere Obstbäume, die ja früher auch einmal dornig waren, und auch Brombeere und Himbeere. Unbewehrte Kräuter aber, wie Erdbeere, Fingerkraut und Geißbart, werden wohl im Versuch, in der Freiheit aber viel weniger befressen. Standort und Wuchsform der Futterpflanzen sind dabei nicht ohne Einfluß; baumbewohnende Raupen mögen niedere Zweige und Stockausschläge meist lieber als die Wipfel oder werden doch von ihren Müttern dort öfter abgesetzt, und eine Birke am sonnendurchglühten Sandhang hat andere Gäste als eine im Moor.

Gras ist nur jung genießbar

Noch maßgeblicher ist der Standort für Raupen, die an Gräsern leben. Gräser, Futtergrundlage der Weidetiere, haben sich mit dem Gefressenwerden abgefunden. Sie wuchern dagegen an, statt sich mit Geschmacksstoffen zu wehren. Nur zu Zeiten, wo es die kostbaren Samen zu schützen gilt, werden sie so hart und ungenießbar wie möglich. An Gräsern lebende Raupen haben sich darauf eingerichtet, sie nehmen es mit der Art nicht so genau, wohl aber mit der Zeit. Quer durch alle Schmetterlingsfamilien überwintern sie als Jungraupen. Das bedeutet, noch am Herbstaustrieb eines Grases fressen zu können, nach der Überwinterung im Frühlings-Neuwuchs zu schwelgen und als Falter zu fliegen, wenn Halme und Blätter hart und trocken sind. Grasfresser sind darum eine ziemlich geschlossene Gesellschaft, und der Futterhinweis „frißt an Gräsern und niedrigen Pflanzen" ist mit Vorsicht zu genießen, wenn er sich nicht auf einige notorische Vielerleifresser unter den Eulen bezieht.
Auch die Raupen aus dem Kräuterrasen fressen keineswegs einfach „an niederen Pflanzen", wie oft zu lesen ist. Sie haben durchweg recht bestimmte Futteransprüche, und so sind in alten Raupenbüchern auch die Listen ihrer Wirtspflanzen sorgfältig zusammengestellt. Daß sich dabei Irrtümer und Verwechslungen einschleichen, ist unvermeidbar und menschlich. Allzu menschlich ist es nur, sie dann hundert Jahre lang ungeprüft abzuschreiben. Vielfach wurden Schmetterlingsarten nach den angenommenen Futterpflanzen ihrer Raupen genannt, eine Angabe, auf die man sich nicht verlassen darf, auf die Gefahr, daß sie auch einmal stimmt.

Schützende Farben und Formen

Nur sehr wenige Raupen sind strenge Spezialisten. Es wäre auch wenig förderlich für ihre Zukunft, wenn sie unrettbar verhungern müßten, sobald eine kleine Klimaverschiebung die Schwesternart ihrer Futterpflanze begünstigt. Spezialisierte Schmetterlingsmütter aber sind in der Pflanzenwahl sehr streng, solange sie sich das leisten können. Sie wählen genau ihre Pflanzenart, die sich durch ganz bestimmte Inhaltsstoffe deutlich auszeichnet, darunter auch solche, die für Warmblüter giftig sind. Irrtümer unterlaufen ihnen aber auch, vor allem wenn eine fremde Pflanze ganz nah im Duft der eigentlich gemeinten steht. Wenn eine Raupenart nach eigenem Geschmack und mütterlichem Willen seit eh und je an derselben Pflanzenart lebte und dort um so weniger gefunden und gefressen wurde, je weniger sie auffiel, so setzten sich immer mehr die dem Aussehen der

Bild 93. Angepaßte Raupe der Beifuß-Eule *(Cucullia artemisiae).* Aufnahme O. Scharbert

Wirtspflanze am besten angepaßten Individuen durch, bis sie wirklich kaum mehr daran zu entdecken waren.

Der Kampf ums Überleben

So genau die Schmetterlingsmutter aber die Art einer Pflanze kennt, über ihre Größe weiß sie nichts. Und weil die Zahl der Eier auch auf einem kümmerlichen Exemplar in die Hunderte gehen kann, führt das für die kleinen Raupen oft zu ernsthaften Versorgungsproblemen. Wenn sie ihre Pflanze aufgezehrt haben, treibt sie der Hunger nach allen Seiten auseinander, dem Zufall preisgegeben, denn ihre Sinnesorgane sind nur in nächster Nähe wirksam. Ein halber Meter Weg ist für sie eine Reise ins Unbekannte, und je kleiner die Suchenden noch sind, desto mehr von ihnen kommen dabei um. Dies ist aber eine wirkungsvollere Auslese als etwa wahlloses Gefressenwerden, denn die Kräftigsten werden bis zur nächsten Futterpflanze durchhalten.

Für die Raupe zählt das Aroma

Häufiger als Pflanzenarten werden ganze Gattungen oder Familien bevorzugt, wenn auch nicht ohne Ausnahme. Am beliebtesten sind solche mit aromatischen, aber nicht gar zu

Bild 94. Raupe des Großen Eichenkarmins *(Catocala sponsa).* Aufnahme W. Zepf

scharfen Inhaltsstoffen (Dolden-, Lippen- oder Korbblütler), wie sie uns als Heil- und Würzkräuter dienen. Ihre Jungtriebe, die besonders reich sind an schützenden Inhaltsstoffen, werden weniger gern genommen, zum Vorteil der Pflanze. Raupen aus dem Trockenrasen mit seinen vielen würzigen Kräutern wechseln auch gern die Futterpflanze und fallen in der Gefangenschaft nach ein paar Tagen einseitiger Kost begeistert über etwas anderes her. Junge Wolfsmilchspinner fressen an einer gemeinsam umsponnenen Pflanze. Anders als die hungernden Spezialistenbabies ziehen sie, noch ehe das Futter ganz aufgezehrt ist, zu einer anderen Pflanze weiter, wenn die ersten Tiere unruhig werden. Viele Bärenspinner halten sich an Pflanzen unterschiedlicher Familien, solange die Schleim- und Bitterstoffe, aber sonst nichts ihnen Unangenehmes enthalten. Auch sie gedeihen bei Futterwechsel besser und vertragen unsere völlig entschärften Kulturpflanzen auf die Dauer nicht gut, am besten noch altmodische, kräftige Gemüse wie Grünkohl oder Schwarzwurzel.
Am meisten dürften die Schwärmerraupen von der Pflanzenwahl ihrer Mütter abhängen. Viele gedeihen auf einem ganzen Bündel von „Sphingidenpflanzen“, aber nur eine oder zwei davon sucht die Mutter der Art aus. Dazu gehören die Nachtkerzengewächse (Onagraceae) vom Weidenröschen bis zu den Balkonfuchsien, die Geißblattarten (Caprifoliaceae) mitsamt den Schneebeeren unserer Gärten, die Labkrautarten (Rubiaceae) und die Ölbaumgewächse (Oleaceae) wie Esche, Liguster und Flieder. Sie alle sind im Versuch unter den zugehörigen Schwärmerraupen austauschbar, d. h. sie werden zumindest als Futter angenommen. Unsicher bleibt, wie weit den Raupen der Wechsel auf die Dauer bekommen würde.

Nicht nur der Geschmack entscheidet

Ganz allgemein wird und muß sich eine Raupe bei den Pflanzen ihres natürlichen Lebensraumes auf ihren Geruchs- und Geschmackssinn verlassen können. Schon bei Gartenpflanzen gilt das aber nicht mehr. Nachtpfauenaugen fressen unter anderem Sanddorn, hier wie in seiner nur wenig südlicheren Heimat. Die ihm nah verwandte silbrige Ölweide kommt aus Trockengebieten östlich des Mittelmeeres als Zierstrauch in unsere Gärten. Sie hat offenbar den gleichen Geschmack, aber ihre Blätter sind zum Verdunstungsschutz mit flachen, harten Schildhaaren bedeckt, die bei den Raupen Darmentzündung und Tod verursachen. Eingeführte Pflanzen, die die einheimische Insektenwelt schädigen, sind vermutlich kaum seltener als eingeschleppte Insekten, die in einem für sie neuen Land zur Plage werden. Sie fallen nur niemandem auf.
Wie wichtig die physikalische Beschaffenheit des Raupenfutters ist, zeigt der Segelfalter an seinem scheinbar so gleichförmigen Schlehenlaub. Bekommen die Raupen frische, junge Blätter, so durchlaufen sie ihre Puppenzeit rasch und bilden noch eine Sommergeneration. Hochsommerlich hartes Laub dagegen veranlaßt sie, ihre Puppen auf Winterruhe einzurichten. Trockenes und hartes Futter ist auch an dem Ruf einiger Arten als „Mordraupen“ schuld, weil sie in der Gefangenschaft aus purem Durst Mitgefangene anfielen. Verdächtigerweise sind sie alle Gerbstofffresser, leben also auf leicht eintrocknender Nahrung. Echte Fleischfresser gibt es freilich auch, manche mit einer Vorliebe für Schildläuse. Etwas weniger Saftiges kann man sich kaum vorstellen, und so geht es dabei sicher um den Eiweißbedarf. Manche der geradezu niedlichen Bläulingsraupen verspeisen sowohl ihre Geschwister auf

Bild 95. Raupe der Mordeule *(Eupsilia transversa)*.
Aufnahme H. Pfletschinger

dem Klee als später die Brut der Ameisen, bei denen sie zu Gast sind.
Raupen, die einfach alles fressen, gibt es nicht. Und das manchmal empfohlene Futterrezept aus Pflaumenmus und Gänsefett gehört zumindest zu jenen, die noch nicht überprüft worden sind, zum Glück der fraglichen Raupen.

Raupen suchen – Raupen finden – Raupen halten

Raupen zu finden ist nicht so schwer. Dabei aber auf ganz bestimmten Arten zu bestehen, müssen wir meist den Fachleuten überlassen, deren Auge jahrelang im Erfassen kleinster Einzelheiten geschult ist. Sie erkennen die Kopfkapseln aus glattem Chitin, wenn sie im nächtlichen Laub glänzen, während man sich gemeinhin nur wundert, wie viele kleine, in der Dunkelheit glänzende Gegenstände es gibt. Einer der hübschesten Sätze aus der ganzen Raupenliteratur soll hier nicht verschwiegen werden und mag der Ermutigung dienen; Herr Xylograph Michael, selbst erfolgreicher Sammler aus dem vorigen Jahrhundert, schreibt: „Das Raupensuchen bei Nacht im Spätherbst, Winter (bei Tauwetter) und Frühling ist eine ungemein anregende, gesunde Sammelthätigkeit, welche dem angehenden Sammler nicht warm genug empfohlen werden kann... Die überwinternde Raupe hat das Bedürfnis, nachdem sie den Tag in ihrem Schlupfwinkel zugebracht, des Abends herauszukommen, teils um sich etwas Nahrung zu suchen, vor allem aber, um Luft zu schöpfen."

Raupen- und andere Spuren

Eines, was der Herr Xylograph (= Holzschnittfachmann) stillschweigend voraussetzt, und eines, was er noch nicht wissen konnte, mag auch heute dem angehenden Sammler nicht warm genug empfohlen werden: genaue Kenntnis der Futterpflanze samt Standort und eine Taschenlampe. Damit wird man nachts die meisten der als „Nachtfalter" bezeichneten Arten, die Augenfalterraupen und noch etliche andere in persona suchen. Tagsüber fressende Raupen sind besser getarnt, und ihre Hinterlassenschaften, Fraßspuren und Exkremente, sind oft leichter zu finden als sie selber. Nur bei Futterspezialisten lohnt es sich,

Bild 96. Blattwespenlarve. Aufnahme C. Diffené

bestimmte Kräuter nach bestimmten Raupen abzusuchen, möglichst am schon bekannten Flugort des Falters. Umgekehrt braucht man so gastfreundlichen Pflanzen wie Ginster und Weiden, Brennesseln oder der weiteren Kleeverwandtschaft nur eine Chance zu geben, irgend etwas liefern sie meistens. Dabei empfiehlt es sich sehr, in Erinnerung zu behalten, daß eine Raupe vier Paar Bauchbeine hat, allenfalls weniger, aber nie mehr. Was mit sieben oder acht Bauchbeinpaaren von der Seite her stark an einen Reißverschluß erinnert, ist eine Blattwespenlarve und hat Anspruch auf unsere Aufmerksamkeit und Sympathie, aber nicht auf die Bezeichnung Raupe.

Ebenso wie die Blattwespenlarven täuschen auch ihre Fraßspuren die Anwesenheit von Raupen vor. Blattwespen lassen aber meist das Aderskelett des Blattes zurück, was bei den Raupen nur ganz junge Tiere tun. Die wiederum erkennt man an ihren kleinen Fraßstellen. Weil viele Blattwespen mehrere Generationen im Jahr zustande bringen, haben sie es mit dem Wachsen und darum auch mit dem Fressen ganz besonders eilig, und so sehen die von ihnen befallenen Pflanzen dann auch aus. Schneckenfraß, den der Raupensucher so leicht hoffnungsvoll mißdeutet, erklärt sich leicht aus der unterschiedlichen Freßtechnik. Die Raupe läßt die Blattkante durch die Führung ihrer paarigen Mundwerkzeuge laufen und schneidet Stück für Stück ab, nur ganz junge Tiere schaben flache Löcher in die Blattfläche. Schnecken raspeln mit der rauhen Zunge immer nur von der Fläche her ins Blatt. Auch wenn ein Loch die Außenkante erreicht und wie von dorther gefressen aussieht, verraten seine flachen und ausgefransten Kanten, wie es zustande gekommen ist. Schleimspuren und geringelte oder längliche, wenig geformte Kothäufchen zeigen zusätzlich, wer da am Werk war. Blattkäfer schließlich verursachen reinen Löcherfraß. Der häufige Buchenspringrüßler, der die Buchenblätter mit soviel rundlichen Fensterchen versieht, daß die Lichtwerte am Waldboden zunehmen, ist ein im Wortsinne einleuchtendes Beispiel dafür.

Spuren einzelner Raupenarten

Die Rauhfußspinner der Gattung *Pygaera,* zu den Zahnspinnern (Notodontidae) gehörig, verstehen sich auch auf das Löcherfressen und verraten sich damit auf ihren Pappel-Weide-

Bild 97. Raupe des Ligusterschwärmers *(Sphinx ligustri).* Aufnahme W. Zepf

Espe-Futterpflanzen. Weil an diesen drei Verwandten aber, vorsichtig gerechnet, sechshundert verschiedene Insektenarten auf ihre Weise zehren, ist der *Pygaera*-Hinweis nicht mehr wert als andere Patentrezepte.
Wenn zwei dasselbe tun, ist es auch hier nicht dasselbe. Große Schillerfalter-Raupen fressen ihr Weidenblatt mit Stumpf und Stiel, und da man ein fehlendes Blatt in einer Weide nun wirklich nicht vermißt, muß man sich an die lanzettförmig erst halb gefressenen Blätter halten, auf denen die Raupen oberseits, und oft in Augenhöhe, sitzen.
Die gleiche Gründlichkeit verrät den Aufenthalt einiger Schwärmerraupen. Die des Ligusterschwärmers vertilgt die Blätter ihrer Namenspflanze ebenfalls ganz und gar. Hier stehen dann aber die blattlosen Triebe verräterisch in die Luft. Genauso verraten kahlgefressene Blütenstände des Labkrauts das Taubenschwänzchen und die der Weidenröschen die Weinschwärmer. Stehengebliebene Mittelrippen der Salweidenblätter sind auf Pappelschwärmerraupen verdächtig, bei den zarteren Espenblättern aber bleibt oft nicht der leiseste Hinweis übrig.
Fraßspuren sind individuell und wandelbar, und erst wenn man die Raupe dazu kennt, leuchtet richtig ein, warum sie gerade so haben sein müssen.
Immer von der gleichen Erscheinungsform sind die Spinnfäden und die Exkremente.

Bild 98. Raupe des Aurorafalters *(Anthocharis cardamines).* Aufnahme H. Pfletschinger

Raupenkot besteht aus festen, geformten, zylindrischen Krümeln, mit deutlicher Oberflächenstruktur. Bei großen Tieren kann er einen Durchmesser von drei Millimetern erreichen. Unter Gebüsch an Straßen und Wegen findet man solche Hinterlassenschaften oft leichter als den Verursacher, der aber logischerweise senkrecht darüber im Laub sitzen muß. Feiner Jungraupenkot kann taufeuchte Blätter wie Rußstaub überziehen, wo die Tierchen ihren gemeinsamen Sitz oberhalb in den Zweigen haben.

Bild 99. Raupe des Gabelschwanzes *(Cerura erminea)*. Aufnahme H. Pfletschinger

Wie eine Raupe unsichtbar wird

Wenn man gegen das Licht durch Blattwerk guckt, kann man den Schatten von Raupen entdecken, die man dank ihrer Tarnfärbung vermutlich in der Draufsicht übersehen hätte. Da nämlich nutzen gerade größere Tiere eben diesen Schatten, indem sie beim Sitzen dem einfallenden Licht die dunklere Körperseite zukehren, die Schattenwirkung aufheben, unkörperlich flach erscheinen und so ihre rundliche Erscheinung auslöschen. Die Zitronenfalterraupe wendet den deutlich dunkleren Rükken immer dem einfallenden Licht zu, die des Aurorafalters, am liebsten an Blütenstengeln sitzend, ihre graugrüne Bauchseite. Wenn die Raupe des Gabelschwanzes nach ihrer Ge-

Bild 100. Raupe des Segelfalters *(Iphiclides podalirius).* Aufnahme Th. Ruckstuhl

wohnheit unter ihrem Zweig hängt, verschmilzt der dunkle Sattelfleck mit dem Schatten und läßt nur einen unkörperhaft abgeschnittenen, flachen grünen Umriß übrig. Ebenfalls mit einem Schattentrick verwandeln sich die Segelfalterraupen in flache Schlehenblätter.

Wo die Insektengifte der Gärten und Felder noch nicht hingekommen sind, kann man auch heute noch vielerlei Raupen finden. Es gibt noch Kräuterrasen, Unkrautfluren und sonnige Hänge, wo man achtgeben muß, daß man auf dem Weg zu einer erspähten Raupe nicht drei andere zertritt oder beim Fotografieren am Boden einen halben Biotop zerwalzt.

Kranke Raupen

Raupen, die man ganz mühelos findet, weil sie am hellen Tag frei auf Pflanzen sitzen, sind oft von Parasiten befallen und darum verhaltensgestört. Die Schlupfwespe *Apanteles glomeratus,* deren Larven im Sommer aus den Kohlweißlingsraupen brechen und sich auf ihrer Haut in gelben Kokons bündelweise verpuppen, hat noch an die fünfzig andere Wirte. Runde dreitausend Schlupfwespenarten parasitieren in unserer Insektenwelt insgesamt. Von manchen weiß man, daß die eierlegenden

Bild 101. Die Schlupfwespe *Apanteles glomeratus* legt ihre Eier in Kohlweißlingsraupen ab. Aufnahme H. Pfletschinger

Weibchen sich zuerst vom Duft einer Futterpflanze anlocken lassen und erst dann dort ihre Opfer suchen, um sie anzustechen. Die Vorliebe der Schmetterlingsmütter für einzelnstehende Pflanzen könnte daraus entstanden sein, denn Schlupfwespen und Raupenfliegen sind für sie weit gefährlichere Feinde als alle Wirbeltiere zusammen. Raupenfliegen, die ihre Eier auf der Haut der Raupe anheften, sind bei

Bild 102. Die Schlupfwespenlarven brechen im Sommer aus der Raupe. Aufnahme H. Pfletschinger

Bild 103. Schlupfwespenlarven verpuppen sich bündelweise in Kokons. Aufnahme H. Pfletschinger

gesellig lebenden Raupen am erfolgreichsten. Sie müssen ihre Opfer kurz nach einer Häutung erwischen, damit die Eier nicht mitsamt der alten Haut abgestreift werden können, ehe die Fliegenlarven sich in die Raupe bohren konnten.

Wie Herbizide die Schadraupen retten

Wo immer Raupen in Mengen und als Schädlinge auftreten, wird den Schlupfwespen und Raupenfliegen ein Loblied gesungen. Beide sind kurzrüsselige Insektenarten, die als erwachsene Tiere auf Blüten mit offenliegendem

Nektar, also hauptsächlich auf Doldenblütler, angewiesen sind. Deren Standorte aber, die Waldwiesen, Trockenrasen und Bachuferfluren, werden wegrationalisiert, und die Waldbewohner unter ihnen, vom häufigen Geißfuß *(Aegopodium)* bis zum anspruchsvollen und seltenen Haarstrang *(Peucedanum),* haben keinen Platz im Wirtschaftswald. Damit hat man schon vielerorts dem Schwalbenschwanz das Leben schwer oder unmöglich gemacht. Nun sieht es aus, als ob ausgerechnet Schlupf wespen und Raupenfliegen den Schwalbenschwanz rächen und uns mit Schwammspinner und Nonne allein lassen würden, wenn sie das auch wahrhaftig nicht freiwillig tun.

Raupensuche auf dem Papier

Noch nicht einmal in Büchern ist die Raupensuche unproblematisch. Der deutsche Name unterliegt keinerlei Bestimmungen, und was immer in einer Landschaft an Schlehen spinnt, darf dort Schlehenspinner genannt werden. Die zoologischen Namen unterliegen sehr strengen Regeln. Die machen die Suche auch nicht leichter, weil Umbenennungen an der Tagesordnung sind, zumeist an der Tagesordnung der Kongresse. Es geht dabei um umstrittene Gattungszugehörigkeiten oder neue Unterteilungen, während man bei der Artbezeichnung die Wahl des ersten Namensgebers respektiert, was immer er sich dabei gedacht hat. So sind aus der früheren Eulengattung *Agrotis*, die einmal 69 Arten umfaßte, 22 neue Gattungen geworden. *Agrotis pronuba*, die Hausmutter, wurde zuerst zu *Triphaena pronuba* und heute zu *Noctua pronuba*. Aber „pronuba", „Brautführerin", heißt sie immer noch. Wer also Verwechslungen vermeiden und seine Raupe in einem Verzeichnis sicher finden will, hält sich am besten an den kleingeschriebenen Art- und nicht an den Gattungsnamen.

Familienname. Bei solchen Familien, mit denen sich von alters her Spezialisten befaßten, bestanden Übereinkünfte der Artnamen wegen. Namen, die auf -ella enden, bezeichnen meist Kleinschmetterlinge, Spanner enden häufig auf -ata oder -aria.

Benennungen, die die Forstleute für Raupenstadien gefunden haben, sind zumindest leichter abzuleiten. So wie der Hirsch „vom dritten Kopf" das Geweih seines dritten Lebensjahres schiebt, werden die Raupen nach ihrem Häutungsstand als „Einhäuter", nämlich nach der ersten Häutung der Eiraupe, als Zwei-, Drei- und allenfalls Fünfhäuter bezeichnet. Das Dreihäuterstadium bringt dabei die meisten Änderungen, der Gabelschwanz verliert seine Rückenfortsätze, das Nachtpfauenauge wird rundherum grün, und die jungen Ringelspinner geben ihre Gemeinschaft auf.

Raupenhaltung „wie zu Hause"

Wer Raupen nicht nur entdecken und beobachten, sondern auch mit heimnehmen und halten will, kann sich damit einige Schwierigkeiten aufladen. Sie brauchen ihrer natürlichen Umgebung entsprechende Behältnisse, zu denen das berühmte, luftundurchlässige Einmachglas oder gar Marmeladeglas keinesfalls zu zählen ist. Sie brauchen geeignetes, auch entsprechend wechselndes Futter, und sie müssen saubergehalten werden, denn keine Klammerfußraupe kommt normalerweise mit ihrem Kot in Berührung.

Gehölzbewohner, in der Regel Gerbstofffresser, bindet man im Garten auf einen lebenden Zweig, am besten in einem Beutel aus weißem Nylon-Maskentüll. Der beliebte Baumwollstoff saugt sich bei jedem Nebel voll und liegt

dann als nasser Lappen auf den Tieren, außerdem lockt seine Undurchsichtigkeit die neugierigen Meisen, Gucklöcher hineinzuhacken. Durch die wandern dann die nicht gefressenen Raupen auch noch aus. Schwarzer Maskentüll ist zwar für uns angenehm durchsichtig, für die Meisen aber auch. Und wenn sie eine Raupe sehen, bekommen sie sie auch. Weißer Tüll aber scheint nur gerade soviel zu verschleiern, daß ihr Interesse sich in Grenzen hält.
Raupen aus der feuchten Krautschicht lassen sich gut in großen Blumentöpfen halten, deren Ton von außen etwas feucht gehalten wird. Man kann sie mit dem fast ganz durchsichtigen schwarzen Nylontüll zubinden. Das saugfähige Papier auf dem Boden und das Futter müssen aber mindestens einmal täglich erneuert werden. Futtervorräte sind in Plastikfolie im Kühlschrank besser aufgehoben als in der Blumenvase. Raupen, die sich nicht freiwillig fallen lassen, läßt man selber vom welken Futter auf das frische wandern, um ihre Füße nicht zu verletzen. Die anderen faßt man mit einer weichen Uhrfederpinzette, und die ganz kleinen bleiben in einem weichen Marderhaarpinsel hängen und werden vorsichtig herausgeklopft. Und, natürlich, jedesmal gezählt.
Große Raupen sollte man einzeln oder zu wenigen halten, bei kleinen muß man die Gesellschaft, die man gefunden hat, zusammenlassen, ihrer Gesundheit und unserer Beobachtung wegen. Wenn die Raupen luftig untergebracht sind, schadet ihnen feuchtes Futter zumindest nicht so, wie oft behauptet wird. Weil aber über die Ursachen ihrer häufigen Pilz- und Bakterienerkrankungen, die so gut wie alle Ernährungsschäden sind, noch nicht genug bekannt ist, kann man gar nicht vorsichtig genug sein. Einmal erkrankte Raupen sind kaum zu kurieren, man kann beim ersten Verdacht allenfalls versuchen, tadelloses frisches Futter mit Aktivkohle einzustäuben. Hilft das aber nicht gleich, so bleibt nichts, als den ganzen Inhalt des Behälters rasch zu verbrennen und ihn und die Umgebung sorgsam zu desinfizieren.

Hilfen zum Verpuppen

Regen und praller Sonne darf man solche Blumentöpfe nicht aussetzen. Viele Raupen der Krautschicht lassen sich aber recht gut noch freier halten, wenn man einen mit ihrer Futterpflanze besetzten Blumenkasten in einen umgekehrten Tisch stellt und dessen Beine mit schwarzem Nylontüll umspannt. Solch ein Käfig übersteht normales Wetter auf Balkon oder Terrasse. Zur Verpuppung muß je nach Art Gelegenheit gegeben sein. Wer sich irgendwo anhängt oder festspinnt, bekommt eine herausnehmbare Verkleidung aller Holzteile, sonst könnte der Tisch den ganzen Winter aus dem Verkehr gezogen sein.
Spinner bekommen als Material zur Verfestigung ihrer Kokons Sägespäne, Heu, Waldbodenstreu und Torf. Für alles, was sich im Boden verpuppen will, muß im Blumenkasten Platz genug sein. Weil die Schwärmer sich vorher deutlich verfärben, kann man sie rechtzeitig in eine Kiste voll lockerer Erde setzen. Am besten bringt man sie aber rasch noch dorthin, wo man sie hergeholt hat, denn die naturgerechte Überwinterung von Puppen ist ganz allgemein ein Kunststück. Auch in der Natur sind die Verluste dabei hoch, beim Brombeerspinner (*Macrothylacia rubi*) fand man bis zu achtzig Prozent tot.
Früher hielt man die Raupen fast nur, damit sie frische Falter für die Sammlung „ergaben". Das war aber nicht nur die Zeit der Makartsträuße und der ausgestopften Rotkehlchen an der Wand, damals berichtet Rösel von Rosenhof, die Abendpfauenaugen seien so gut ge-

tarnt, daß man „hundert übersieht, ehe man eines erkennt“.
Niemand dürfte heute in die Verlegenheit kommen, hundert Abendpfauenaugen zu übersehen, und erkennen wird er sie auch nirgends. Um so mehr wird er Raupen, die eine Zeitlang beobachtet und vielleicht fotografiert worden sind, nicht aus der immer ärmer werdenden Natur nehmen, sondern sie wieder an ihren Fundort tragen. Guten Gewissens kann man die Sommer- und Herbstraupen jener Wanderfalter beherbergen, die den Winter bei uns nicht überstehen. Je nach Überwinterungsform und -ansprüchen kann man sie durch die kalte Jahreszeit zu bringen versuchen.

Nicht nur Zuchtbehälter – auch Landschaften für Raupen!

Viele Schmetterlinge wandern. Einige fliegen über Länder und Meere, andere ziehen mit dem Frühlingswetter, wechseln von einer Landschaft in die andere oder gehen mit der Sommerwärme in höhere Lagen. Immer am gleichen Ort bleiben die wenigsten, aber nonstop fliegen sie auch nicht, so wenig wie die meisten Zugvögel. Wenn sie auf ihrem Weg nicht immer wieder in Pflanzengemeinschaften, die zu ihnen gehören, Rast machen, Ruhe, Schutz und Nahrung finden können, führt ihr Flug in den Tod. Normalerweise führt er bei uns über flurbereinigte Felder, die mit Unkrautvernichtungsmitteln und Insektengiften „saubergehalten“ werden, abwechselnd mit Städten, deren Gartensiedlungen ebenfalls mit Unkrautvernichtungsmitteln und Insektengiften „saubergehalten“ werden. Ein Schmetterling kann nicht nach einem „sauber durchflogenen“ Achtstundentag weit entfernte Rastplätze erreichen, schon gar nicht die Weibchen, deren Eier unterwegs reifen und rechtzeitig abgelegt werden müssen.
Notwendiger als viele andere Kleintiere brauchen Schmetterlinge eine Kette von Überlebensinseln, Wegraine und Bachränder, Feldgehölze und Trockenrasen, Blumenwiesen und jeden Winkel,wo noch sogenannte Unkräuter stehen. Das sind aber die Stellen, die heute immer mehr aus unserer Landschaft verschwinden, weil jedermann, oder doch jeder zweite, glaubt, „kultivieren“ zu müssen, und die mancher Landwirt aus purer Höflichkeit gegen das Publikum eben mal „mit abspritzt“. Wer wieder Raupen, Schmetterlinge und viel buntes Kleingetier – und damit auch Futter für Vögel und Fledermäuse – in unserer Landschaft haben will, der sollte solche Stellen verteidigen. Vielleicht kann er sich darüber hinaus entschließen, aus seinem Blumengarten nach englischem Muster einen Schmetterlingsgarten zu machen, mit den vielen Blüten, auch Gartenpflanzen, die die Falter sich wünschen, und mit Futterpflanzen à la carte für ihre Raupen.

Literaturhinweise

BRAUNS, ADOLF: Taschenbuch der Waldinsekten, Gustav Fischer Verlag, Stuttgart 1970
CHINERY, MICHAEL: Insekten Mitteleuropas, Parey 1976
DETHIER, V. G.: Egg-laying Habits of Lepidoptera..., The Canadian Entomologist, XCI, **9,** 1959
ECKSTEIN, KARL: Die Schmetterlinge Deutschlands, K. G. Lutz Verlag, Stuttgart 1933
FORSTER / WOHLFAHRT: Die Schmetterlinge Deutschlands, Franckh, Stuttgart ab 1954
GESSNER, OTTO: Die Gift- und Arzneipflanzen von Mitteleuropa, C. Winter Verlag, Heidelberg 1953
HOFMANN, ERNST: Die Raupen und Großschmetterlinge Europas, C. Hofmann'sche Verlagsbuchhandlung, Stuttgart 1893
JACOBS/RENNER: Taschenlexikon zur Biologie der Insekten, Gustav Fischer, Stuttgart 1974
KOCH, MANFRED: Wir bestimmen Schmetterlinge, Neumann, Radebeul 1954
LAMPERT, KURT: Die Großschmetterlinge und Raupen Mitteleuropas, J. F. Schreiber, Esslingen 1907
MERZ, EVA: Über einige Prinzipien der Futterwahl bei Großschmetterlingsraupen, Diss. Würzburg 1950
NOVAK/SEVERA: Der Kosmos-Schmetterlingsführer. Kosmos-Verlag, Stuttgart 1980
ROSENHOF, RÖSEL von: Insektenbelustigung, Auszugsw. Neudruck Harenberg 1978
SAUER, FRIEDER: Leben und Überleben der Insekten, Goldmann 1972
SCHOONHOVEN, L. M.: Gustation and Foodplant Selection in Some Lepidopterous Larvae, Meded. Lab. Ent. Wageningen 1969, u. a.
SPULER, ARNOLD: Die Schmetterlinge Europas, E. Schweizerbartsche Verlagsbuchhandlung, Stuttgart 1908
STRESEMANN: Exkursionsfauna VEB Volk und Wissen, Berlin 1976
WEBER/WEIDNER: Grundriß der Insektenkunde, G. Fischer, Stuttgart 1974
ZAHRADNIK, JIRI: Der Kosmos-Insektenführer. Kosmos-Verlag, 2. Auflage, Stuttgart 1980

Register

Die halbfett gesetzten Seitenzahlen verweisen auf Abbildungen.